공감과 공간 II

글로벌 문화자원의 이해

김진영 · 이종오 지음

공감과 공간 II

글로벌 문화자원의 이해

HU:iNE

들어가며

2020년 인류는 팬데믹의 위협 속에 전대미문의 집단적인 고통을 겪었다. 친구와의 수다, 산책, 쇼핑, 영화 보기, 여행, 가족과의 외식까지, 그동안 우리가 일상적으로 해 오던 수도 없이 많은 삶의 순간순간이 사라질 위기에 처하기도 했다. 이로 인해 인간의 행동 양식이나 가치관, 나아가서 세계를 움직여 온 전 지구적 패러다임에 이르기까지 개인의 차원뿐만 아니라 집단, 사회, 국가 등 훨씬 광의적 차원에서 근원적으로 환골탈태換骨奪胎에 가까운 패러다임의 변화가 요구되는 시점이다. 그중 첫 번째 변화는 온라인, 비대면 콘텐츠의 활성화이다. 예를 들어, 주로 직접적인 방문을 통해, 체험하고 즐기는 것을 기반으로 해온 관광 분야에서 사이버 축제, 가상 현실 및 증강 현실 콘텐츠, 아름다운 자연환경을 주제로 한 온라인 힐링 콘텐츠 등 테크놀로지를 활용하여 만든 다양한 콘텐츠가 직접관광을 대체하고 있다. 긍정적인 측면에서만 본다면, 아주 적은 비용으로 또는 클릭 한 번으로 평소에 가보지 못한 세계 곳곳의 유명 관광지와 이벤트를 안방에서 편리한 방식으로 즐길 수 있게 된 것이다. 즉, 멀게만 느껴졌던 외국의 문화자원을 굳이 여행이 아니더라도 바로 '내 눈앞'에 가져올 수 있다.

두 번째, 지구촌이 모두 하나의 연결 고리로 묶여 있다는 점을 깨닫게 한다. 개인주의적 삶, 약육강식과 다름없는 무한경쟁은 박애주의나 이타심, 애민 정신과 같은 가치관이 마치 구시대의 유물인 양 여기는 야만의 시대로 인류를 이

끌었지만 아이러니하게도 전염병은 이러한 세계관이 틀렸다는 것을 증명하였다. 인간뿐만 아니라 생태자원을 보존하고 회복하는 것이 곧 인류의 문화뿐만 아니라 생존을 지속할 수 있다는 데 공감하게 된다. 다시 말해, 아무리 좋은 의미의 '개발'이라도 이것이 곧 '환경 수정,' 심지어 '환경 훼손'을 수반해서는 안 된다는 것이다.

필자의 이번 저서는 환경과 인간의 공존이라는 태제를 우선하면서 '손안에 세계'를 살펴볼 수 있도록 구성되어 있다. 수많은 문화의 보고寶庫 중에서 보존, 재생, 환경 보호와 같은 시대의 요구에 알맞은 문화자원을 선별하였다. 이 책은 2019년 발간한 '공감과 공간'의 두 번째 시리즈로, 지난번 미처 다 담지 못한 유, 무형의 문화자원을 국가별로 소개하고 해당 국가의 정책 동향을 문화 정책이나 지역개발 정책을 통해 개괄하였다. 1장에서는 아시아의 중국과 일본, 2장에서는 유럽의 문화대국인 영국, 프랑스, 이탈리아, 3장에는 북중미의 미국과 멕시코의 문화자원과 정책을 살펴보고 4장에서는 아프리카와 오세아니아에서 각각 모로코와 호주를 소개한다. 5장에서는 국내외 지역문화자원 활용의 실제 사례를 들어 지역 활성화에 성공적으로 연계하고 있는 지역을 살펴본다. 끝으로 이 책이 지면이라는 한계에도 불구하고 문화자원개발과 기획에 관심이 있는 연구자가 간접적이나마 세계의 다양한 문화자원을 접할 수 있는 기회가 되기를 바란다. 필자의 졸고가 출판물로 나오기까지 도와주신 한국외국어대학교 지식출판콘텐츠원 편집진께 사랑과 감사를 보낸다.

2021년 6월

김진영 · 이종오

차례

그림 목차

표 목차

제I부

아시아

1 중국의 문화자원

2 일본의 문화자원

제1장

중국의 문화자원

중국[1] 역사의 최초 기록은 상나라Shang dynasty(기원전 1600~1046년경)로 거슬러 올라간다. 신대神代를 중국 역사에 포함하면 중국인들이 인류 문명의 시조로 여기는 삼황오제三皇五帝[2]를 비롯해 무수한 전설적 인물들의 놀라운 이야기가 야사나 전설, 신화를 통해 전승되어 왔다. 이름을 일일이 열거하기도 어려울 만큼 수많은 왕조가 거쳐온 기나긴 역사와 군웅이 할거하던 광활한 영토는 중국의 유, 무형문화자원을 꽃피운 토대이자 지금까지 중국 문화 원형의 밑거름이다. 중국은 56개의 민족으로 구성된 다민족 국가로서 약 14억에 이르는 인구를 자랑하는 지구촌에서 가장 큰 나라이다. 중국은 개방 이후 아시아를 넘어 G2 국가로 위상을 갖추고 세계 경제와 문화 현상에 큰 영향을 미치는 국가로 성장하였다. 또한 우리나라와는 지정학적으로도 떼려야 뗄 수 없는 이웃으로서 인적, 물적 교류가 가장 빈번한 나라이기도 하다.

1 이번 장에서 '중국'은 중화인민공화국을 지칭한다는 점을 밝혀둔다.

2 중국 고대신화에 등장하는 제왕으로, 이들 8명의 황(emperors)과 제(sovereigns)는 중국 문명의 시조로 추앙된다.

1. 일반 현황

중국은 세계에서 가장 많은 인구를 보유하고 있으며 영토는 러시아, 캐나다, 미국 다음으로 넓다. 중국의 면적은 동아시아 지표면의 거의 전체, 즉 지구 지표면의 14분의 1을 차지하는데, 유럽 전체 면적과 맞먹을 정도이다. 그 광활한 영토를 자양분으로 싹튼 문화자원은 중국의 정치적 상황과는 별개로 풍부한 다양성을 자랑한다. 중국은 중앙 정부 산하 모두 34개의 행정 구역으로 나뉘어 있는데, 이것은 다시 23개의 성省, 5개의 자치구, 4개의 직할시, 2개의 특별 행정 구역으로 이루어진다. 하나의 중국이라는 원칙에 따라 대만도 중국의 성으로 포함되어 있다. 성의 면적은 남한 전체보다 넓은 지역도 있으며 기본적으로 우리나라의 '도' 개념과 유사하다. 4개의 직할시는 수도이자 정치 일번지인 베이징, 경제 허브라 할 수 있는 상하이, 무역과 공업도시인 텐진天津, 서부의 거점도시인 충칭重慶이 포함된다. 5개의 자치구는 신장·위구르, 티베트, 닝샤후이족寧夏回族 자치구, 광시좡족廣西壯族 자치구 및 네이멍구內蒙古 자치구이다. 주로 소수 민족이 집거하고 있는 지역을 기반으로 중국 정부가 어느 정도 자치권을 보장해 주고 있는 곳이다. 마지막으로 2개의 특별 행정 구역은 홍콩과 마카오가 있다.

중국은 세계에서 가장 다양한 생태환경을 가진 나라로서 북극을 제외하고 북반구에서 발견되는 거의 모든 동식물이 서식한다. 중국 영토의 서쪽은 주로 높은 고지대가, 동쪽은 낮은 지역으로 이루어져 있다. 그래서 큰 강들은 주로 서쪽에서 동쪽으로 흐른다. 중국의 기후는 태평양과 중국 본토 사이에 형성되는 커다란 기단air masses의 계절적 흐름에 큰 영향을 받는다. 겨울에는 시베

리아의 차고 건조한 기단이, 여름에는 열대의 태평양에서 생성되는 무덥고 습한 기단이 영향을 미치는데, 이와 같은 기후 조건은 다양한 식생에 도움이 되기도 하지만 2020년 중국에서 발생한 대홍수와 같이 열대성 기단은 여름철 전장battlefield으로 변하여 엄청난 피해를 키우기도 한다.

2019년 현재 14억에 이르는 인구 중 약 9억 명이 한족이며 허저족赫哲族이 약 2천 명 이하로 소수 민족 중 가장 작은 규모이다. 한족이 주류이기는 하지만 소수 민족의 거주 지역은 전 국토의 60%가량을 차지하면서 주변 국가들과 국경을 접하고 있기 때문에 지정학적으로도 중요하다. 중국공산당은 불교, 도교, 이슬람교, 가톨릭교, 개신교 등 5개 종교에 대해 적어도 표면적으로는 신앙의 자유를 보장하고 있으나 종교 활동을 적대시하고 기타 종교는 불법으로 규정한다. 그럼에도 불구하고 중국인 4명 중 1명은 도교나 유교와 같은 전통 종교에서 행하는 활동에 참여하고 있으며 불교, 이슬람교, 기독교인들의 숫자는 상대적으로 적은 편이다. 중국은 여러 개의 방언을 사용한다. 만다린은 인구의 70%가 넘게 사용하는 공식 언어이며 그 뒤를 이어 우Wu(8.5%), 광동(5%), 상Xiang(4.8), 민Min(4.1%), 하카Hakka(3.7%), 간Gan(2.4%)어 등이 많이 통용된다.

[표 1] 2019년 중국 현황

인구	13억 9천 8백만
면적	9백 60만㎢(우리나라는 100,363㎢)
GDP	14조 3,429억 달러(세계 2위)
1인당 GDP	10,261달러
평균 기대 수명	남 71.47세 여 79.53세

출처: 세계은행, People's Daily (China at a Glance)

2. 유형문화자원

1) 랑중阆中의 고도古都

중국에서 가장 아름다운 고도 중 하나로 손꼽히는 쓰촨성의 랑중은 상고 시대 복희伏羲가 태어난 곳으로 전해진다. 2,300년이 넘는 역사를 지니고 있으며 "전국역사문화 명성," "중국우수관광도시," "중국 춘절 문화의 고향"으로 선정된 바 있다. 중국에서 비교적 보존이 완벽한 고도 중 하나로 고성의 부지 선정 및 건축물의 배치 또한 산山, 수水, 성城이 일체가 되어 당송唐宋의 양식과 명청明清의 풍모를 유지하고 있는 "중국 민간 건축의 실물 보고寶庫"로 명성을 떨치고 있다.[3] 민가의 정원은 하나의 축으로 배열되지 않으며, 한자 '다多'의 형태가 되지 않도록 비껴서 배치되고, 방의 평면도는 마름모형을 띠고 있다. 이것은 고대 민가 건축에서는 좀처럼 보기 드문 구조이다. 명나라와 청나라의 특징이 공존하며 오랫동안 이민족이 살았기 때문에 독특한 지역문화를 형성하고 있으며 두보杜甫, 사마광司馬光 등의 시 작품에 소재로 쓰이기도 하였다. 삼국지의 장비가 이 지역 출신으로 알려져 있으며, 그를 봉안한 환후사라는 사당이 있다.

2) 센젠深圳(심천)의 화차오청 테마파크

미국의 놀이공원역사협회가 정의하고 있는 테마파크는 단일 또는 소수의 주제에 초점을 두어 놀이 시설, 이벤트, 건축물 등을 기획, 전시 및 시연을 하는

3 랑중고성 공식 홈페이지, http://www.alangzhong.com/index.html, 검색일자: 2020년 7월 21일.

[그림 1] 화광루 www.sohu.com

[그림 2] 환후사
www.zh.wikipedia.org

놀이공원을 지칭한다. 이런 개념에 비추어 보면, 세계 최초의 테마파크는 1955년 미국에서 개장한 디즈니랜드이다. 중국의 테마파크는 특정한 주제를 중심으로 다수의 콘텐츠와 서비스 시설을 갖춘 복합레저관광의 공간에 더 가깝다. 중국은 관광, 엔터테인먼트, 음식, 쇼핑, 숙박 등 다양한 문화 소비자의 요구를 통합하여 충족할 수 있는 종합테마파크를 도입하여 방문객의 체류 시간을 연장하고 소비의 제고를 도모하고 있다. 따라서 연간 방문객의 숫자가 연인원 2백만 명 이상에 달하는 테마파크는 모두 숙박 시설과 쇼핑 센터, 리조트를 겸한 종합레저타운이라 할 수 있다.

센젠에 본사를 두고 있는 중앙기업(국유기업)인 화차오청은 1985년 설립한 문화 기업으로서 국제 미디어 공연회사, 선전 가무단 공연회사, 문화관광 과학기술회사 등의 자회사를 보유하고 순자산 규모는 100억 위안(1조 7천 129억 원)이 넘는 것으로 알려져 있다. 이 기업은 1989년 중국 최초의 테마파크인 진슈중화 실물축소 관광구를 세웠고 진슈중화 민속촌, 세계의 창, 해피 밸리, 동부 화차오청, 환러하이안歡樂海岸 등 연이어서 테마파크를 건설하였다.

센젠에 위치한 환러하이안은 기쁘고 즐거운 해안이라는 뜻을 가지고 있는 곳으로, 음식점, 쇼핑몰, 카페, 영화관 등을 포함한 상업, 문화, 레저, 엔터테인먼트 및 생태관광이 결합되어 있는 세계 최대 규모의 테마파크 내 워터쇼 극장이다. 인공해변가에 조성된 카페거리는 산책을 나온 시민들과 관광객으로 늘 북적인다.

'세계의 창'은 심천만 부근에 있는 화중 지방 최대의 테마파크이다. 130여 개의 자연, 문화 경관이 미니어처로 재현되어 있다. 세계의 창 지하철역은 루브르의 유리 피라미드와 연결되어 있다. 광장에는 베니스의 가면들과 파라오의 얼굴이 줄지어 서 있으며 입구의 계단 위에는 그리스 신전의 기둥들이 늘어서 있고, 나이아가라 폭포의 뒤편에는 에펠탑이 보인다. 세계 일주를 할 시간과 금전적인 여유가 없이도 손쉽게 다른 나라의 유명 랜드마크를 마주할 수 있게 하는 축소판 지구촌이다.

중국은 테마파크 분야에서 한국을 넘어선 것은 물론 전 세계적으로 가장 빠르게 성장하고 있는 나라라고 해도 과언이 아니다. 이미 건설된 두 개의 디즈니랜드와 일본보다 큰 헬로키티 테마파크를 비롯해서 2021년 완공 예정인 베이징 유니버설 스튜디오와 2022년 상하이 레고 랜드까지 전 세계의 유명한 테마파크가 다수 둥지를 틀 예정이다. 중국의 테마파크 굴기가 지나치게 성장과 규모 확대에 집중되어 시설의 품질이나 내용 면에서 창의성이 결여했다는 비판의 목소리도 나오고 있으나 고부가 가치의 차세대 산업으로서 중국인의 여가와 오락을 즐기는 중산층의 확대에 맞춰 수요가 빠르게 증가하는 추세이다.[4] 2017년 중국의 테마파크를 찾은 내방객의 숫자는 전년 대비 20%가 증가한 1억 9천만 명에 이르렀으며 2020년에는 미국을 넘어 세계 최대의 테마파크 시장을 형성할 것으로 조사되었다. 2018년 현재 중국에는 이미 200개가 넘는 테마파크가 운영 중이며 2025년까지 최소 70개 이상의 미래 도시형 테마파크가 설립될 예정이다.[5]

3) 창춘長春(장춘)의 영화제작소

지린성 장춘에는 중국에서 가장 규모가 크고 오래된 영화제작소가 있다.

4 삼성경제연구원, 「중국 테마파크 산업의 발전과 향후 전망」, 2014, pp. 1~20.
5 "2018 China Theme Park Pipeline Report," AECOM, 2018, p. 6.

1945년 일본 패전 후 설립되었으며 1955년 전영제편창電影制片廠으로 명칭을 변경하여 지금에 이르고 있다. 건국 이후 급속히 성장한 중국의 영화 산업은 1966년 문화대혁명의 광풍에 휘말리며 영화 제작은 중지되고 수많은 예술가들이 탄압을 받았다. 70년대 들어서야 영화 산업에 우호적이었던 저우언라이周恩來(주은래)의 지원으로 작품을 제작할 수 있었다. 1980년대 개혁 개방 이후 장춘은 특히 선전 영화에 강세를 보였으나 이것이 오히려 위기가 되어 다양하고 실험적인 장르를 내세우는 홍콩이나 대만영화와의 경쟁에도 밀리게 되었다.

이러한 위기를 타개하기 위해 1992년 탄생한 장춘영화제는 격년으로 개최되는데, '우정, 교류, 발전'을 슬로건으로, 전문성과 대중성을 결합한 특징이 있으며 영화인들에게 상호 교류 및 비즈니스의 장을 제공한다.[6] 중국 대중에 가장 잘 알려진 장이머우 감독이 영화 '귀주이야기秋菊打官司'로 장춘영화제 초대 금록장을 수상한 바 있다. 장춘영화제는 93년 개최된 상하이국제영화제, 중국에서 가장 오래된 영화제인 금계백화영화제, 2011년 시작한 베이징국제영화제와 함께 중국을 대표하는 영화 축제로 자리 잡았다.

2014년 장춘영화제작소 박물관이 개장하였다. 이곳은 장춘 영화 산업의 변천사를 한눈에 볼 수 있는 전시관으로 이루어져 있으며 제작소에는 촬영 세트장을 비롯해 영화 필름 스튜디오, 영화관, 음악관, 문화의 거리 등이 포함되어 있다. 2017년 장춘영화제작소는 국제적 영향력과 경쟁력 제고의 일환으로 배우 성룡과 계약을 체결하고 총감독으로 초빙하기도 했다. 장춘영화제작소는

---

6 지옥화 외, 「중국 장춘영화제 방문객의 방문동기와 만족도에 관한 연구」, 『관광연구저널』, 제23권 제2호, 2009, p.160.

[그림 3] 장춘영화제작소 www.harbinice.com

1945년 설립 이래 2,100편이 넘는 영화를 창작, 더빙하고 2,000명이 넘는 영화인을 양성해 온 영화 산업의 요람이다.

4) 상하이의 동방명주Oriental Pearl Tower

상하이 푸동浦東 지역에 위치하고 있는 탑으로 원래는 동방텔레비전 관제탑이었으며 현재는 동방명주로 더 많이 알려져 있다. 1991년부터 착공에 들어가 94년에 완공한 동방명주는 높이 468m로, 상하이 타워와 상하이 세계 금융센터가 건립되기 전까지 아시아에서 가장 높은 탑이었다. 동방명주는 옥쟁반의 진주를 형상화한 다양한 크기(지름 14m~50m)의 11개의 둥근 모양으로 디자인하였다. 각각 90m, 263m, 350m 지점에 전망대가 위치하고 있으며 중간 전망대는 강화 유리로 만들어져 있어 아래 풍경이 그대로 내려다보인다. 회전식

[그림 4] 상하이 동방명주 전경 www.wallpaperflare.com

레스토랑이 운영 중이며 어두워지면 화려한 LED 조명 속에서 탑 전체가 보석처럼 빛난다. 가히 와이탄[7]의 아름다운 야경에 화룡점정이라 할 수 있겠다. 1층에는 상하이 역사박물관이 들어서 있다. 주로 1843년 상하이 개항 시기부터 1949년 중국의 공산혁명 발발 시까지 중국의 역사를 보여주는 수집물을 전시한다. 그러나 소장품 중에는 6,000년이 넘는 유물들도 다수 포함하고 있는 것으로 알려졌다. 박물관은 아편전쟁 당시 사용했던 대포, 가마sedan chair, 청동사자상, 백 년 된 상점인 훙윈러우鸿运楼(홍운루)의 금 간판 등도 전시하고 있다.

3. 무형문화자원

1) 하얼빈의 빙설축제

헤이룽장성의 성도인 하얼빈은 연평균 기온이 섭씨 3~6도에 불과하고 매해 빙설기가 4개월이 넘는 추운 지역이다. 이러한 기후 특성을 살려 매해 열리는 빙설축제는 세계적으로 이름난 겨울철 관광자원이다. 그 밖에도 야뿌리 고산스키, 자오린 공원의 얼음축제, 쑹화강의 겨울 수영, 눈조각 전시 등 매서운 겨울 추위를 활용한 콘텐츠로 유명하다.[8]

하얼빈 빙설축제는 1963년 처음 개최되었으나 문화혁명 시기에 폐지되었고 1985년부터 재개되었다. 하얼빈 빙설축제는 중국에서 최초로 눈을 테마로 한

7 강 서쪽에 자리 잡은 와이탄(外灘, the Bund)은 1.7km의 걸쳐 상하이의 주요 건물과 야경을 가장 잘 조명할 수 있다. 수많은 관광객으로 인산인해를 이루는 곳이다.

8 내일신문중국망, 『중국문화유적지 순례 3』, 내일신문, 2010, pp.267~273.

[그림 5] 하얼빈 빙설축제 http://www.hrbicesnow.com/

지역축제이며 캐나다 의 겨울카니발, 일본의 삿포로 눈축제, 노르웨이 오슬로 스키축제와 더불어 세계 4대 겨울축제로 손꼽힌다. 코비드19가 강타한 2020년에도 2월 25일까지 진행되었는데, 눈을 주제로, 합동 결혼식을 열리며 축제의 대미를 장식하였다. 하얼빈은 또한 안중근 의사의 독립운동의 발자취가 남아있는 역사적인 장소이기도 하다. 빙설축제가 열리는 자오린공원에는 안중근 의사의 유묵비遺墨碑가 세워져 있으며, 비의 전면에는 청초당靑草塘,[9] 후면에는 그의 손도장이 새겨져 있다. 안 의사가 이토 히로부미를 저격했던 하얼빈역에는 기념관이 만들어져 그의 생애와 사상, 거사의 과정 등을 한눈에 조망할 수 있다.

9 안중근 의사가 마지막으로 남긴 유묵으로 해군사관학교 박물관에 기증되었다.

2) 푸젠성 우이산Wuyishan(무이산)의 차茶

중국은 차의 종주국으로서 무이산 절경 속 바위틈에서 자라는 무이암차, 평지에서 자라는 차를 무이주차라 하는데, 무이암차를 더 높은 등급으로 여긴다. 중국차의 종류는 발효 정도에 따라 녹차, 우롱차, 홍차, 보이차 등으로 나눈다. 무이산은 우리나라에서도 많이 소비되는 우롱차[10]의 원산지이기도 하다. 차를 테마로 하는 여행 프로그램에는 공연과 체험 등이 들어 있어 차 애호가를 비롯해 일반 관광객들 사이에서도 인기가 높다. 무이산은 평균 해발 650m로 연평균 기온은 섭씨 18도, 평균 강우량 2,000mm, 습도는 평균 80%로 차가 자라기에 최적의 기후와 조건을 갖추었다. 중국의 대표적인 차류 가운데 무이산의 차는 청차青茶, 즉 불발효차이다. 불발효차는 찻잎을 햇볕에 노출시켰다가 그늘에서 말려 성분의 일부를 산화시킨 것으로, 방향芳香이 풍길 때 가마솥에 넣고 볶은 것이다. 찻잎을 대나무 채반에 말려 시들었을 때 비비면, 잎의 둘레가 타닌의 산화 효소에 의해 홍갈색으로 발효되면서 향기가 풍긴다. 이런 과정을 3~4회 반복한 뒤에 가마솥이나 햇볕에 말려 효소를 파괴한 것이다.[11] 무이산 차나무들은 주로 무이암차 '4대 명총'으로 이름 높은 대홍포, 철라한, 수금귀, 백계관 등이다. 이들은 각각 향기와 색깔, 뒷맛이 신비로운 특색을 지니고 있으며 특히 각종 미네랄 성분에서 스며 나오는 암차 특유의 암운岩韻[12]을 지니고 있는 것으로 유명하다.

---

10 우롱차는 생잎 단계와 만드는 과정에서 약 30% 정도 발효시킨 '반발효차'이다.

11 제순자 외, 「중국 무이산 지역 품종별 차나무잎 형태별 분류」, 『한국차학회지』, 제13권 제2호, 2007, pp.133.

12 암차의 색, 향, 맛, 세 가지 풍미를 합하여 암운이라 한다.

3) 쓰촨성의 변검

순식간에 얼굴의 가면을 바꾸는 순간 예술인 '변검'은 중국 쓰촨 지방에서 전하는 천극지화川劇之花, 즉 천극[13]의 한 형태에서 발전한 공연 예술이다. 쓰촨과 구이저우, 윈난 일대에서 유행하던 천극이 형성된 시기는 청대 건륭 연간(1736~1795)인 18세기 중반 이후라고 한다. 변검의 유래는 캉즈린康子林이 천극 귀정루歸正樓에서 가면을 바꾸는 연기를 하면서 처음으로 선보였고 이후 천극의 대표적인 민중기예로 성장했다. 귀정루에서 협객 패융역을 맡은 주인공은 핍박받는 사천의 민중을 돕고자 의적이 되어 관군을 따돌리기 위해 얼굴을 바꾸어 가면서 의로운 행동을 하는 장면을 묘사하였다.

[그림 6] 변검 공연 *China Daily*, 2015. 5. 17.

변검은 다양한 작품에서 극의 인물 특징을 부각하고 공연의 효과를 극대화하는 예술 표현 기법이라 할 수 있다. 변검의 가면은 초기에는 판지로 가면을 만들어서 사용했다가 이후 종이에 그림을 그린 검보臉譜를 사용하여 얼굴에 차례차례 붙인 후 연기와 손동작으로 가면을 한 장씩 바꾸는 형식이 사용되었다.[14] 과거 변검은 쓰촨성 출신 남성한테만 전수되는 등 상당히 폐쇄적으로 계승되

13 천극은 북경의 경극(京劇), 소주, 남경의 곤극(昆劇)과 함께 중국의 대표적인 전통연희로서 노래와 연기뿐만 아니라 기예, 묘기 등 볼거리가 풍부하다.

14 신춘호, 김동영, 「1인 공연예술로서 '한국변검'의 창작적 특징과 가치탐색-중국 '변검'과의 차별성과 공연의 성과를 중심으로-」『글로벌문화콘텐츠학회 2014년 추계학술대회 자료집』, 2014, p.3.

었으나 지금은 지역 출신이 아닌 사람이나 외국인, 여성에게도 개방되고 있다.

숙달된 변검사라면 한 번 공연에 가면을 16장 이상 바꾸고 3초 내에 5장 이상의 가면을 연속으로 벗길 수 있다고 한다. 10여 장의 가면이 순식간에 떨어져 나가고 마침내 변검사의 맨얼굴이 나타난다. 최근에는 벗긴 가면을 다시 쓰는 기술까지 개발됐다. 뿐만 아니라 팝핑댄스와 같은 현대적 해석을 더한 퓨전식 변검 공연도 성황을 이룬다. 지나친 상업화에 대한 비판의 목소리도 나오고 있으나 변검 공연은 동작이 크고 화려한 춤이 가미된 중국의 대표적인 공연콘텐츠임에는 틀림없다. 변검 공연에 쓰이는 가면을 판매하거나 체험 및 기술 연수와 같이 OSMU로도 많이 활용된다.

4) 중국의 정신문화

문화의 개념을 하나로 묶을 수 없듯이 중국이라는 거대한 나라를 하나의 인문요소로 규정 짓기는 불가능하다. 그러나 다른 동아시아 국가들이 그러하듯이 서양 철학의 궁극의 목표가 지식의 진리인 데 반해 중국의 철학은 도덕과 실천을 중시하며 지식을 뛰어넘는 진리를 추구한다. 또한 분석보다는 직관을 강조한다.[15] 기본적으로 인본주의적 사상을 근간으로 하며 선진 시대의 유가, 묵가, 도가, 법가 등이 널리 전파되었고 그중 유가가 중국문화의 주도적 위치를 차지하였다.[16] 현재 중국 정부는 유교의 윤리, 예법, 음식, 제사 등 관련 콘텐츠에 주목하여 사회주의 이념을 대체할 이데올로기로 유교를 적극적으로 전파하고 투자하고 있다. 전 세계 120개국이 넘는 나라에 설치한 공자학원과 공자의 고향이

15 장여윤, 강교희, 「중국 철학의 특질」, 『인문과 예술』, 제3호, 2016, pp. 23~26.
16 이상선, 「중국문화의 정신요소와 인문정신」, 『공자학』, 제29호, 2015, pp. 233~236.

자 유교의 발원지인 취푸曲阜(곡부)의 지역문화자원 개발이 그 방증이라 하겠다.

문화코드는 특정 국가의 사람들이 통시적, 공시적으로 공유해 온 역사, 문화, 관습 속에서 무의식적으로 형성되기 때문에 중국의 문화코드를 찾는 것은 오랜 세월의 역사를 되짚어 올라가는 인내심을 요구하는 어려운 작업이다.[17] 뿐만 아니라 중국은 자본주의 유입에 따른 가치관의 변화가 급격히 일어나고 한편에서는 공산당을 중심으로 공산주의를 고수하고 사회주의적 문화유산을 유지하려는 시도가 상호 충돌하는 특징을 가지고 있어서 중국 문화코드 추출은 더욱 지난한 일이다. 그럼에도 불구하고 현대에도 구체적으로 표출되고 있는 관습 중 몇 가지를 들자면, 중화주의, 꽌시關係, 미엔쯔面子, 배금주의 등이 있다.

중국인의 문화적 자부심과 동질성을 가장 적절하게 표현한 것이 '중화'이다. 중국이라는 용어는 1869년 네르친스크조약에서 당시 청나라 외교관이 처음 사용한 것으로 보인다. 이전에 중국이란 용어는 주변부와 대칭되는 중심부라는 의미로 사용된 바 있으며 공자와 같은 사상가들을 거치면서 민족 간의 정체성을 규정하는 의미로 확장되어 갔다. 이로써 자연스럽게 '문화적 우월성을 지닌 중심부'로 정의되었다. 고대 중국에서는 중국보다는 화하華夏가 더 확실하게 중국을 지칭하였다고 한다. '중국'이 지리적인 의미였다면 화하는 그 지역 구성원을 지칭하는 용어였고 점차 황하 문명을 이룩한 주체를 지칭하는 의미로 굳어졌다. 화하는 춘추 시대 주변의 변방 민족과 차별화하고 그들만의 민족의식을 결집하기 위한 의미로 쓰였으며 오늘날까지 여전히 중국을 주도하고 있는

17 안영은, 「베이징 올림픽과 중국 문화코드」, 『글로벌문화콘텐츠』, 제11호, 2013, pp. 31~33.

'한족'의 전신이다. 중화는 본래 중국인을 지칭하던 용어로서, 중국의 문화적 소양을 함께 지니고 있는 사람들을 가리키는 말로 확장된 것이다. 따라서 중화는 중국의 지리적, 역사적, 문화적 특성을 모두 함의한다고 볼 수 있다.

중국에서 사업을 하려면 반드시 '꽌시'가 필요하다는 것이 불문율처럼 회자된다. 꽌시란 혈연관계, 학교, 직장 등 연고에 기초하여 맺어진 인맥을 의미한다. 이는 서구의 인적 네트워크나 코넥션과 유사한 개념으로 이해하거나 우리나라의 인맥으로 이해할 수 있지만, 사업상 공식적인 관계와 달리 비공식적이고 개인적인 친분의 교환을 한다는 점에서 서구나 우리나라와는 다른 의미를 지닌다고 할 수 있다. 중국에서 아직까지 꽌시는 신용사회의 정착을 방해하는 부정적인 의미가 있기도 하지만 인정과 실리의 어느 한쪽에 편향하지 않는 바람직한 꽌시에 대해서는 인맥 관계의 기본으로 간주하는 편이다.

미엔쯔는 체면이라는 의미로서, 우리나라에서 사용하는 의미와 비슷하지만 우리보다는 그 의미가 더 공식적이고, 자존심, 명예 등의 의미가 모두 포함되어 있기 때문에 신중하게 사용된다, 주로 최후의 부탁 또는 청탁인 경우가 많은데, 상대방이 미엔쯔를 주지 않는다면 관계에 타격을 입을 수 있다.[18] 중국이 개혁개방 후 배금주의가 팽배해진 원인 중 하나는 물질적 빈곤이 너무나 오랫동안 축적되었다는 점을 들 수 있다. 중국은 오랫동안 생산성의 낙후로 인해 국민의 물질적 수요가 충족되지 못했다. 20세기 중반부터 문화혁명기까지 중국은 이웃 나라들이 경제 성장을 지속하던 동안 물질적 수준은 제자리걸음이었다. 이렇게 억눌려 있던 수요가 물신숭배의 현상으로 나타나게 된 것이다. 또 다른

18 황성연, 문성철, 「중국 문화코드-드라마를 중심으로-」, 한국콘텐츠진흥원, 2010, pp.2~22.

[표 2] 중국 문화산업 분류

대분류	중분류	소분류
문화 상품	신문, 출판, 발행 서비스	신문, 출판, 발행 등
	방송, 텔레비전, 영화	방송, 텔레비전, 영화
	문화 예술 서비스	문예창작과 공연, 도서관, 문서관, 문화유산 보호, 군중문화
	문화 정보 전송 서비스	인터넷 정보, 방송 전달, ICP
	문화 창의 및 설계(디자인) 서비스	광고, 문화SW, 건축 설계, 전문 설계 등
	문화 여가 오락 서비스	관광지 여행, 오락여가 서비스, 촬영 등
	공예 미술품의 생산	공예 미술품 제작, 도자기 제조, 공예 미술품의 판매
문화 관련 상품	문화 상품 생산의 보조 생산	인쇄, 복사, 문화 매니저 대리, 문화 무역 대리, 경매, 문화 대여, 전시, 기타
	문화용품 생산	사무용품 제작, 시청각 설비 제작, 폭죽 제조, 문화용 가전 판매, 기타 문화용품 판매
	문화 전용 설비의 생산	인쇄 전용 설비 제작, 방송 전용 설비 제작, TV 영화 전용 설비 판매, 무대 조명 설비 판매 등

손한기, 2017, p.92 재구성

원인으로 사회심리적 요인을 들 수 있다. 정치·경제적 환경의 급격한 변화는 희망과 기회를 제공하였지만, 다른 한편으로는 국민의 막연한 불안감을 부추긴 원인이 될 수 있다. 즉, 계획경제 체제하에서 비교적 소득 격차 없이 살아오다 점점 소득불평등이 생기고 그 격차가 커지자 너도나도 경쟁에 뛰어들면서

배금주의가 팽배한 사회적 분위기가 조성된 것이다.[19]

4. 지역문화 정책

문화 정책은 한 나라의 문화적 저력을 느낄 수 있는 방향타와 다르지 않다. 중국에서 문화와 관련된 법률로는 문물보호법, 저작권법, 비물질문화유산법 등이 제정되어 있다. 그러나 문화와 관련한 법령도 미흡할 뿐만 아니라 그 체계가 모호하다는 문제점을 노출하고 있다. 결과적으로 대부분의 행정법규 및 당과 정부의 정책이 법령을 대신하고 있다. 이러한 관점에서 보면, 중국은 고속성장과 더불어 국민의 소득 수준이 향상하고 여가 활동도 늘어났으나 문화산업이나 정교한 지역문화자원 개발과 관련해서 법령 및 제도의 질적인 제고는 못 미치는 실정이다. 그러나 중국은 소프트 파워 즉 문화 굴기가 국제적인 경제적 위상을 높이고 글로벌 리더십을 확보할 수 있는 최선의 방식이라는 점을 명확히 인식하고 있다. 따라서 과거에 이데올로기의 수단으로 문화를 바라보던 관점에서 벗어나 적극적인 정책을 펴고 있다.

중국은 문화산업과 동일한 의미로 문화 창의 산업이라는 표현을 사용하기도 하는데, 지역에 따라 선호하는 용어가 다르다. 중국 통계국은 '문화 및 문화 관련 산업'을 "사회 대중에게 문화 상품과 문화 관련 상품을 제공하는 활동의 집합"이라고 정의한다. 이에 따라 문화산업이란 대중에게 문화 상품을 제공하는

19 조봉래, 「중국의 이념적 위기에 대한 중국 정부의 대응 연구」, 『한국위기관리논집』 제9권 제12호, 2013, pp.255

활동을 가리킨다. 문화산업에는 4가지 생산 활동이 포함되는데, 각 문화 상품의 생산 활동, 문화 상품 생산의 보조 생산 활동, 문화용품의 생산 활동 및 문화 전용설비의 생산 활동이 들어간다. 이 중 문화 상품의 생산 활동이 문화 및 관련 산업의 핵심이며, 나머지는 이를 보완하는 내용이다[표 참조].

또한 중국의 문화산업의 개념에서 문화사업과의 차별성이다. 여기서 문화사업은 시장 또는 이윤의 논리보다는 전통문화 등 정신적 가치를 존중하는 문화의 공공성 혹은 공익성을 강조하는 개념으로 경제적 관점의 문화산업이 상업적 목적을 내포하는 데 반해 문화사업은 비물질적 가치를 강조하는 개념이라 할 수 있다. 중국의 문화 정책을 이해하기 위해서는 이 두 용어의 구분이 중요하다.[20] 지역문화 발전 측면에서 보면, 지역 주민의 문화 예술 활동을 지원하는 문화사업이 의미가 크다. 정부의 문화사업에 대한 적극적인 재정 지원과 지역 주민의 문화 활동에 대한 적극적인 참여는 궁극적으로 지역 경제 발전에 긍정적인 영향을 미칠 수 있기 때문이다. 문화사업은 여러 분야를 포함하고 있다. 일반적으로 박물관, 도서관, 전시관, 컨벤션센터 등도 넓은 의미에서는 문화사업의 범주에 포함될 수 있다. 중국의 문화사업을 담당하는 기구는 행정 체계를 기반으로 설립되어 있다. 대표적인 조직으로는 군중예술관群衆藝術館, 문화관文化館, 문화참文化站이 있다. 기본적으로 군중예술관은 성省급 행정단위에 설치되고, 문화관은 시市와 현縣급 행정단위를 기준으로 설치되어 있다. 그리고 문화참은 가장 하위 행정단위인 향鄕과 진鎭에 설치되어 있다.[21]

20 손한기, 「중국의 문화산업정책과 법제고찰」, 『법학논총』, 제24권 제2호, 2017, pp.89~92
21 김상욱, 「중국의 문화사업이 지역경제발전격차에 미치는 영향」, 『동북아경제연구』, 제29권 제2호, 2017, pp.124~130.

2018년 양회 정부 공작 보고에서는 지역 경제 발전을 강조하면서 아울러 1, 2, 3차 산업의 융합발전의 추진과 지역 자원을 충분히 발굴하여 전통 산업 도시의 진흥 정책을 착실하게 실행해 나갈 것을 주문하였다. 중국은 지역 특색 문화산업이라 지칭하는 지역 및 민족 특색 문화산업군의 건설을 지원한다. 특색 문화산업은 지역의 민족적 특징이 깃든 문화자원을 기초로, 전통 생활 방식에 문화적 의미를 부여하여 형성된 산업을 가리킨다. 명징한 민족적 특색과 지역의 특징을 가지고 있어 글로벌 문화와의 차별성을 부각할 수 있는 기제이다.

중국 문화부와 재정부에서 반포한 〈關於 推動特色文化產業發展的指導意見(특색 문화산업 발전을 추진하는 지도의견)〉 에 따르면, 특색 문화산업은 각지 독특한 문화자원에 의존하여 창조적인 발상과 전환을 통해 디지털기술의 활용과 더불어 시장 운영 규칙을 지키면서 선명한 지역 특색과 민족적 특징을 지니는 문화적 상품과 서비스를 제공하는 산업 형태라고 본다. 지방 특색 문화산업은 차별화되는 지방문화 자원들이 시장경제의 주도하에 자원들에 대한 평가와 정리를 통해 창의의 제시, 과학의 응용, 자본의 투입 등을 문화산업발전에 융합시켜서 문화자원이 문화산업으로 실현할 수 있도록 전환한다.[22] 이는 지역 경제 활성화를 촉진하면서 동시에 소수 민족 통합을 유도하는 목적도 있다.

중국 정부는 1990년대까지 유형문화유산에 해당하는 문물에 대해서만 정부 차원의 보호와 지원을 시행해 왔으나 전통문화의 중요성에 대한 인식이 높아지면서 90년대 말부터 문화유산의 보전에 관심을 쏟고 있다. 중국 무형문화유산 보호 정책의 주요 특성으로는 국가·성·시·현의 4급의 무형문화유산 보호 체

22 하진, 유동환, 「중국지방특색문화산업 발전이념에 관한 연구」, 『문화콘텐츠연구』, 제15호, 2019, pp.43~51

계를 형성하고 있으며, 기·예능은 물론 무형문화 유산과 관련된 유형의 도구와 공간적 환경, 언어와 신앙, 생활 관습 등과 같은 비물질유산도 무형문화유산의 범위에 포함된다. 중국의 국가급 무형문화유산으로 선정되기 위해서는 우선 성급 문화 행정 기관의 심사를 거쳐 성급 무형문화유산으로 지정되어야만 국가급 무형문화유산으로 신청할 수 있는 자격이 주어진다.

무형문화유산의 지정 종목에 대해서는 전승인 또는 전승 단체를 지정하여 정부 차원의 지원이 이루어지고 있다. 중국 무형문화유산의 보호는 진실성, 정체성, 이인위본, 지속 가능성, 합리적 이용의 원칙에 기초하여 중화 민족의 문화적 동질성의 강화, 국가 통일과 민족 단결의 옹호, 사회의 조화와 발전에 도움이 되어야 한다. 활용 시 그 형식과 내용을 존중해야 하며, 왜곡이나 폄훼 등의 행위는 금지된다.[23]

중국은 사회통합과 안정을 위해 소수 민족 정책을 중시한다. 물론 중국의 소수 민족 정책은 국내정치의 급격한 변동과 함께 시기적으로 변화를 겪어 왔으나 개혁개방 이후에는 민족 간 현실적인 차이를 인정하면서 장기적으로 국가통합을 추진하는 민족융화 정책으로 나아가는 추세이다. 예를 들어, 소수 민족에 대한 1가구 1자녀 원칙 배제, 자기 언어와 문자 사용 장려, 소수 민족 대학 입학 우대 정책, 자치정부의 자치권 확대 등도 이러한 융화 정책의 사례라고 할 수 있다.[24]

23 김대홍, 「중국무형문화유산법의 소개」, 『외국법제정보』, 2018, pp.20~23.
24 송재두, 「중국의 소수 민족정책과 경제격차」, 『중국과 중국학』, 제23호, 2014, pp.239~265

제2장

일본의 문화자원

일본日本(니혼 또는 니폰)의 국명은 떠오르는 태양의 땅을 의미하는 한자이다. 이 국명이 널리 알려지게 된 것은 마르코 폴로가 서구에 소개한 이후부터라고 한다. 일본은 메이지 유신을 통해 적극적으로 서구에 자신들의 문화를 전파하였고 서구 문물을 적극적으로 받아들였다. 그 결과, 서양에는 일본문화를 수천 년 전으로 거슬러 올라가는 오랜 전통의 산물로 여기는 분위기가 자연스럽게 형성되었다. 그러나 중국과 한국문화의 영향을 많이 받았다는 것이 동아시아 역사학계의 정설이다.

일본은 전통을 보호하려는 정부와 지자체 및 지역 사회의 노력 덕분에 급격한 산업화와 도시화, 그리고 서구화의 거센 물결 속에서도 비교적 지역의 전통 문화자원을 잘 보존하고 있다. 현대 일본은 일부 측면에서 매우 동질적인 사회로 평가되기도 하지만 지역마다 특색 있는 풍광, 요리, 축제, 설화 등 개성 넘치는 무수한 유, 무형자원이 산재한다는 점에서 풍부한 문화 다양성을 자랑한다. 또한 지역 사회의 강한 공동체 의식은 지역문화에 대한 자부심과 문화정체성에 기반을 둔 독특한 생활 양식으로 표현된다.

1. 일반 현황

일본은 동아시아에 위치하며 동쪽으로 태평양, 서쪽으로는 동해를 사이에 두고 한국과 이웃하고 있으며 북쪽으로는 러시아와 접하고 있다. 세계에서 가장 문맹률이 낮은 나라 중 하나이며 기술강국으로 알려져 있다. 일본은 홋카이도, 혼슈, 시코쿠, 큐슈 등 4개의 주요 섬과 6,800개 이상의 섬으로 구성된 섬나라이다. 지표면의 5분의 4는 산악 지대가 차지한다. 우리나라와 마찬가지로 도시화율[1]이 높은 편이다. 문화적으로 고대 전통과 서구적 생활 양식이 혼합되어 있다. 일본은 입헌 군주국으로 왕실은 여전히 상징적인 위치를 갖고 있으며 실제 선출된 정치인들이 의사 결정권을 행사한다. 세계에서 세 번째로 경제 규모가 큰 국가인 일본은 자동차, 전자 장비 및 철강의 세계 최대 생산국 중 하나이며 서비스 부문은 국내 총생산 및 고용 분야에서 경제의 가장 높은 비율을 차지한다. 2011년 동일본을 강타한 지진과 쓰나미로 인해 엄청난 인명 손실과 함께 방사능 누출 피해를 입었다. 일본은 게이샤문화, 독특한 정원, 조각품 및 시문학, 스모, 다도, 초밥, 서예, 꽃꽂이 등 다양한 분야의 전통문화가 세계적으로 잘 알려져 있으며 12곳이 넘는 유네스코 세계유산이 있다. 가라테(공수도), 유도 등 다양한 형태의 일본 무술이 전 세계로 전파되었다. 북한과의 긴장이 고조되면서 일부 일본 정치인들은 전후 평화주의 헌법 개정을 촉구하는 등 우경화를 부추기는 가운데, 우리나라와도 역사 왜곡, 수출 품목 금지 조치 등 지속적으로 정치적, 경제적 갈등을 빚고 있다. 일본은 입헌 군주국으로 일본왕은 국

1 2020년 통계상트 월드오미터(Worldometer)의 조사에 따르면, 일본의 도시화율은 91.8%(우리나라 81.8%)로, 세계 최고 수준이다.

가의 상징일 뿐 대부분의 행정권은 총리에게 귀속한다. 일본 국회는 중의원(하원), 참의원(상원)으로 구성되며, 양원 모두 선거로 선출된다. 행정적으로, 일본은 광역 단체인 도都, 도道, 부府, 현県으로 나뉜다.[2] 보통 현은 43개, 특별 행정 권한을 가진 대도시가 3개, 최북단에 1개 행정 구역이 있다. 지방 정부 및 하위 행정 구역은 인구 규모에 따라 시, 타운, 마을로 구분한다.

융합성과 대조성은 일본 생활 양식의 핵심이다. 다시 말해, 일본은 고대의 문화적 전통을 존중하면서 20세기 중반 이래로 세계에서 가장 경제적, 기술적으로 진보된 사회 중 하나로 부상하였다. 낡은 것과 새로운 것 사이의 균형이 중요한데, 교토와 나라와 같은 고도古都에서 일본 전통에 대한 독특한 감수성을 느낄 수 있는 데 반해 탈아입구脫亞入歐[3]적 사고방식도 존재한다.

[표 3] 2019년 일본 현황

인구	1억 2천 7백만
언어	일본어
면적	377,975㎢
GDP	5조 154억 달러(세계 3위)
1인당 GDP	40,837달러(한국 31,431달러)
평균 기대 수명	남 81.45세 여 87.52세

세계은행

2 1도(都), 1도(道), 2부(府), 43현(県)을 합쳐 총 47개이다.

3 근대일본을 대표하는 계몽 사상가인 후쿠자와 유키치는 1885년 탈아입구, 즉 중국과 조선을 '나쁜 친구'로 규정하고 아시아를 벗어나 서구로 들어가자고 주장했다. 일본이 아시아에서 가장 먼저 근대화에 성공한 뒷면에는 이러한 탈아입구적 사고가 바탕이 되었다.

2. 유형문화자원

일본 중부 가가와현에 있는 나오시마섬은 일본 본섬과 시코쿠섬 사이 세토 내해에 위치하고 있는 작은 섬이다. 도시 내 쇠퇴하는 공간인 미츠비시 제련소가 있었던 자리에 새로운 생명을 불어넣어 창조적인 예술 공간을 창출하였다. 이곳은 역사문화자원을 활용하여 일본에서 대표적으로 재생에 성공한 지역으로 꼽힌다. 1960년대 일본의 많은 도시들과 마찬가지로 제련업을 비롯한 지역 산업은 쇠퇴하고 주민들이 떠나가기 시작해 한때 주민 수는 2백 명으로 줄어들기도 했다. 나오시마섬은 1980년대까지만 해도 산업 폐기물이 넘치는 쓰레기섬이라는 오명을 쓰고 있었다고 한다. 1989년 버려질 뻔한 이 섬에 후쿠타케 서점[4]이 문을 열었고, 베네세Benesse 나오시마 문화촌이 조성되었다. 국제 야영장, 베네세 하우스,[5] 치추地中미술관,[6] 이우환박물관[7] 등이 연이어 개장하였고, 이를 기반으로 친환경적으로 재생한 예술섬으로 발전하였다. 나오시마섬의 문화 예술 프로젝트는 처음부터 민간 주도로 시작되었다고 하겠다. 유명 건축가인 안도 타다오가 설계한 콘크리트와 기하학적 모양의 거대한 건물들은 현대

---

4 일본 출판 교육 기업인 베네세 그룹의 후쿠타케 소이치로 회장이 아버지의 유지를 이어받아 지속적으로 섬 전체를 변화시켜 나가는 작업을 시행하면서 오늘에 이르게 된다. 이 과정에는 일본의 대표적인 건축가인 안도 타다오를 비롯하여 한국의 예술가인 이우환, 설치 예술가 미야지마 다쓰오, 스기모토 히로시 및 기획자 기타가와 프람 등이 참여하였다.

5 안도 타다오가 1992년에 건설하였다. 미술관과 3개의 호텔로 구성되어 있다. 호텔 내부에는 유명작가의 설치 작품 및 그림이 전시된다.

6 땅속에 가라앉은 양식의 건물로, 전시공간에서부터 카페에 이르기까지 외관이 겉에서 보이지 않는다. 2004년 개관하였다.

7 2010년 개관한 이우환미술관은 한국 출신 예술가 이우환과의 콜라보작업의 산물이다. 전시관은 '만남의 방,' '침묵의 방,' '그림자 방 등 이우환 작품의 제작 시기에 따라 구분되어 있으며, 건물과 예술의 극적인 조화를 보여준다.

적인 절제미를 보여주며 압도적인 규모를 자랑한다. 일조량이 풍부한 해양성 기후로 유명한 예술가를 끌어들였으며, 미술관, 문화 예술 시설을 갖추고 있다. 조형물인 〈빨간 호박〉은 나오시마의 트레이드마크와 다름없다. 설치 미술가 구사마 야요이의 작품으로 〈노랑 호박〉에 이어 나오시마의 상징적인 예술품이다. 나오시마 3천여 주민들은 모두가 예술가이며 간판 디자이너라는 착각이 들 정도로 저마다 특색 있게 자신의 집과 가게를 꾸민다. 베네세 그룹은 예술품을 보관하고 전시하기 위해 나오시마에 지속적으로 부지를 확보하고 계속해서 성장 중에 있다.[8]

일본에서 만화는 대중성을 담보하는 문화 상품으로 엄청난 속도로 출판되고 소비되는 특징이 있다. 일본만화는 다양성과 표현의 자유에 대한 존중, 즉 대중오락으로서 다소 과격하고 폭력적이거나 선정성이 포함된다 해도 흥밋거리 이상의 정보 매체로서도 존중받고 있다. 이와 같은 맥락에서 2000년대 이후 만화와 애니메이션을 테마로 한 박물관이 증가하고 있다. 하위문화 또는 저급문화라는 부정적인 인식이 팽배했던 80년대에 비해 90년대 들어서 만화의 위상이 높아졌고 히로시마의 만화도서관 설립을 시작으로 교토국제만화박물관京都国際マンガミュージアム(2006), 메이지대학에 설립된 메이지대학 요네자와 요시히로기념도서관明治大米澤嘉博記念図書館(2009), 기타큐슈만화박물관北九州漫画ミュージアム(2012) 등이 설립되었다. 2019년 현재 전국에 30여 개 이상의 만화, 애니메이션 관련 박물관이 있고, 만화를 전문으로 하는 미술관, 도서관을 포함하면

8 베네세 아트사이트 나오시마, 공식 웹사이트, https://benesse-artsite.jp/en/, 검색일자: 2020년 8월 3일. 컬쳐맵, http://www.theculturemap.com/naoshima-japan-art-island-guide/, 검색일자: 2020년 8월 3일. 이범현, 김유란, 「역사문화자원을 활용한 도시활성화 전략: 나오시마섬과 심천 OCT 사례」, 『국토』, 2014, pp.106~110.

[그림 7] 교토국제만화박물관 내 전시실 https://www.kyotomm.jp/material/manga/

50개 이상의 시설이 있는 것으로 조사되었다.

그중 교토국제만화박물관은 교토시와 교토세이카대학이 만화 자료의 수집, 보관, 전시, 만화 연구, 이벤트 사업 등을 목적으로 2006년 공동 설립하였다. 이 박물관은 도서관의 기능을 겸비한 새로운 문화 시설로서 에도 시대의 회화부터 메이지, 다이쇼 및 쇼와 초기의 잡지, 전후부터 현재에 이르기까지 국내외의 30만여 점의 작품을 소장하고 있다. 이 외 세미나, 워크숍, 싱크탱크 사업 등 학술 활동에도 적극적이다. 박물관 시설은 일반 공개 갤러리 존, 연구 존, 자료 수장 존, 편의 시설로 구성되어 있으며, 기획전시실, 상설전시실, 기념품점,

카페가 운영된다.

운영 주체 중 하나인 교토세이카대학은 1973년도 미술학과에 만화 강좌를 개설하고 2000년도 예술학부 만화학과, 2001년도 표현 연구기구 만화문화 연구소, 2006년도에 만화학부를 개설하였다. 특히 표현 연구기구 만화문화연구소는 만화와 그 주변에 관한 연구 활동을 다각적으로 실시하여 일본만화학회의 설립과 운영에 초석을 놓았다. 또한 관련 연구에 필요한 인적, 정보 네트워크의 형성을 추진해 왔다. 2006년 대학에 개설한 국제만화연구센터는 교육, 연구 실적 및 인적 자원 네트워크를 활용하여 교토국제만화박물관의 연구 기관으로서 핵심적 역할을 하고 있다.

이 외에도 국제만화연구센터는 다음과 같은 활동을 하고 있다.

1. 만화에 관련된 각종 사업의 싱크 탱크
2. 만화콘텐츠 제작 및 운영
3. 만화 연구에 관한 인재 육성 및 환경 정비
4. 국내외 관련 단체와의 네트워킹
5. 만화 연구에 관한 집필
6. 만화책과 원화 및 기타 소장 자료 대출

국제만화연구센터는 만화 작가의 전시뿐만 아니라 만화가와 만화 연구자, 관계자 등을 초청해 만화에 관한 강연회나 연구회, 심포지엄 등의 학술 활동을 지원한다. 워크샵의 내용은 크게 세 가지로 나뉘는데, 첫째는 만화 제작 체험, 이것은 말풍선, 프레임 비율 등 만화 속에 등장하는 기호를 중심으로 실시한다. 둘째, 만화 캐릭터, 피규어 제작을 테마로 하는 강좌를 들 수 있다. 세 번째는 만화를 통해 다른 문화 예술 작품을 제작하는 강좌로서, 부채와 에코백 등 공예 요소가 강한 것이나 잉어와 색종이 등의 소재를 활용한 전통 주제를 다룬다. 센터는 학교 교육 및 평생 학습 등과 연계하여 만화 제작 교육이나 만화를 이용한 교육 등 여러 분야에서 활용의 폭을 넓혀가고 있다.[9]

3. 무형문화자원

전국 곳곳에 산재하고 있는 엄청난 숫자의 신사에서 볼 수 있듯이 일본은 자칭 '신의 나라'이다. 일본인의 전통 신앙은 신도Shintoism와 무속 신앙과 같은 고유 신앙이 대표적이지만 불교, 유교, 도교 등도 일본인의 종교관에 영향을 많이 미쳤다. 유교는 통치자와 국민, 부부간, 부자간, 형제간, 친구 사이의 이상적인 관계를 확립했다. 불교는 야마토 왕조 시대인 6세기에 백제를 거쳐 일본에 소개되었다. 일본인의 50% 미만이 종교 단체에 속한 것으로 조사되었으나 대다수의 개인은 신도의 신들한테 기도하거나 특별한 날에 신사를 방문하기도 하고 가족 행사를 종교 방식을 따라 치르기도 하는 것으로 나타났다. 기독교가 지배하는 서구와 비교할 때[10] 일본인은 종교를 심오한 신앙 체계보다는 좀 더 가벼운 문화 현상으로 바라보는 경향이 있다. 이러한 이유로, 많은 일본 불교

9 교토국제만화박물관 공식 웹사이트, https://www.kyotomm.jp/
교토세이타만화연구센터 공식 웹사이트, http://imrc.jp/

10 기독교인은 전인구의 1~2%에 불과하다. 버클리 종교평화세계문제센터 참조.

사원은 신사와 같은 장소에 위치하는 경우도 많으며, 굳이 종교를 구별하려는 시도도 하지 않는다. 일본 종교의 표현 방식은 매우 다양하게 나타나며 혼종성이 강하다. 일본 종교의 상징으로 여겨지는 많은 도상들은 실제로 고유의 것이 아니다. 신사의 경내로 들어가는 입구를 뜻하는 도리이torii는 이른바 '인증샷'을 찍을 수 있는 아름다운 장소를 제공할 뿐만 아니라, 신성한 곳으로의 전환을 상징하는데, 인도의 토라나(관문)에서 유래한 것이다. 일본 불교 여신인 벤자이텐Benzaiten은 힌두교의 사라사와티Saraswati 여신의 일본판과 다르지 않다. 일본의 연말연시 기간에 가장 흔히 볼 수 있는 귀여운 콧수염을 가진 다루마 인형daruma doll은 선종의 개조로 일컬어지는 달마대사를 모델로 만든 것이다.[11]

종교의 혼종성에서 보듯이 일본 음식은 이웃한 한국, 중국을 비롯해, 동남아, 유럽, 북미 요리의 요소를 다양하게 사용한다. 그러나 전통 음식이 함의하는 문화정체성도 중시한다. 일본 음식은 재료뿐만 아니라 조리법이나 준비 과정의 스타일 및 미학이 포함된다. 흰쌀밥은 거의 모든 식사의 필수 구성 요소이며 다른 일반적인 식재료로는 구운 제품이나 생식으로 제공되는 콩 제품 및 해산물이 많이 쓰인다. 채소와 해산물은 종종 장아찌와 같은 저장 음식으로 활용한다. 일본 음식은 강렬한 맛을 추구하지 않는다. 풍미와 질감을 이상적으로 대조하며 요리의 시각적 표현에 가치를 둔다.

구미오도리(Kumiodori)는 오키나와섬에서 발견되는 일본 공연 예술이다. 전통 오키나와 음악과 춤을 중심으로 구성하지만 노가쿠, 가부키와 같은 일본본토의 공연 예술 요소도 포함한다. 구미오도리 드라마는 3개의 전통 현악기와

11 버클리 종교평화세계문제센터 웹사이트, https://berkleycenter.georgetown.edu/posts/the-japanese-ness-of-religion-in-japan, 검색일자: 202년 8월 2일.

[그림 8] 구미오도리 공연 www.kyoto-art.ac.jp/en/topics/50

함께 지역의 역사적 사건이나 전설을 이야기한다. 전통시와 류큐 왕국의 전통 가락을 타고 흐르는 독특한 리듬을 가지고 있으며 오키나와의 고대 언어로 공연된다. 공연에는 남성 배우만 무대에 오르며, 공연을 위한 의상이나 분장과 같은 준비과정에서 오키나와 고유의 양식을 보전하고 있다. 구미오도리 공연자들은 전통 구미오도리 보존협회를 설립하고 전승에 나서는 한편 배우 교육, 정기 공연 등 다양한 활동을 펴고 있다. 충효를 강조하는 고전 작품 외에도 현대적 주제와 안무를 통해 새로운 내용의 드라마도 제작되지만 주로 전통 구미오도리 스타일을 유지하려고 노력한다. 구미오도리는 고대 오키나와 예술과 어휘를 보존하고 문학, 공연 예술, 역사 및 가치관을 전승하는 데 중추적인 역할을 한다.

4. 지역문화 정책

제2차 세계대전 이후 일본 정부는 오랫동안 문화에서 적극적인 역할을 하기를 주저했다. 1968년 문화청이 설립되었지만 그 역할은 문화유산 및 자국어 보존 및 종교 업무 관리에 치중하는 정도였으며 용어의 사용에 있어서도 1989년까지 "문화 정책"이라는 말 대신 문화 행정이라는 용어를 사용하였다. 이렇게 적극적인 국가 문화 정책이 부재한 가운데서도 예술 진흥과 문화 분야에서 가시적인 두 가지 움직임이 나타났는데, 첫 번째는 영화를 포함한 공연 예술과 작품 개발을 지원하는 것이었다. 두 번째는 공공 정책의 일환으로 지역문화 행정을 개발하는 것이었다. 진보적인 지사, 시장 및 지방 정부 관리들은 1970년대부터 "행정의 문화화"라는 슬로건하에 시민의 다양한 요구에 부응하여 독특한 지역 개발안을 지원하고 자율권을 보장하는 등 주민들이 자부심을 느낄 수 있는 지역 사회 건설을 시도했다.[12]

80년대 후반부터 일본은 문화를 통해 국제 협력 체제를 강화하기 시작한다. 1988년 노보루 다케시타Noboru Takeshita 총리의 연설에서 일본은 "세계에 기여하는 일본"을 실현하기 위해 국제 문화 교류 강화할 것을 천명했다. 이를 위해 일본은 1989년 유네스코 세계유산 보존을 위한 일본 재정 기금을 설립하여 지원했다. 2016까지 6억 6,600만 달러가 기부되었으며 총 61개국의 44개 문화유산에 대한 보존 및 복원 프로젝트가 수행되었다. 이 과정에서 일본은 전문가 파견에서부터 첨단 기기 및 재료 공급, 문화재 보존 및 복원을 위한 기초 구축에 이르기까지 다양한 분야를 망라한다. 문화재 복원 지원의 일환으로 캄보디아의 앙코르와트와 아프가니스탄의 바미얀 유적 프로젝트는 이 분야에서 일본이 기여한 주요 프로젝트이다.[13]

일본은 자국 내 문화재를 미래 세대에 전승할 수 있도록 1950년 문화재 보호에 관한 법률을 제정하였다. 일본은 근대 건축물이 사회 변화로 인해 빠르게 훼손되는 것을 방지하기 위해 조사 결과를 토대로 점점 더 많은 현대식 건물과 건축물이 중요 문화재로 지정하고 있다.[14]

문화청은 공공 부문의 문화 정책의 주무 부처이다. 2017년 예산은 약 1,000

---

12 Kawamura, Yoko, "Experts in Cultural Policy-Making in Japan: Two Expert Networks and the Making of the Basic Act on the Promotion of Culture and the Arts," Bulletin of the Faculty of Humanities, Seikei University, No. 53, 2018, p.49.

13 일본 외무성 공식 웹사이트, www.mofa.go.jp

14 일본 문화청 공식 웹사이트, www.bunka.go.jp

억 엔(약 1조 1,400억 원)으로 총 공공 지출의 0.11%로 다른 선진국에 비해 상당히 낮은 편이다. 그러나 각 국가의 관련 수치에 포함된 항목이 상이하기 때문에 이 데이터를 그대로 비교 분석하기는 어려운 것이 사실이다. 이 점을 감안한다 해도 다른 나라의 수준(프랑스 0.87%, 한국 0.99%)보다 훨씬 낮게 조사되었다. 관련 예산은 2000년대 초에 증가하고 그 이후로 일정하게 유지되고 있다.[15]

일본에서 추진하는 지역문화 정책의 내용은 지역 만들기 또는 마을 공동체 만들기의 의미를 가진 마치츠쿠리まちづくり운동, 지역의 쾌적한 생활 환경을 구축하는 어메니티amenity 계획, 지역문화의 진흥과 활성화를 위해 추진되고 있는 문화진흥지침이나 문화진흥계획 등이다. 일본의 도도부현, 시정촌 등은 문화 정책의 기본 구상, 기본 계획, 문화 계획 등을 통해서 문화 정책 대상을 책정하여 실천하고 있다. 그 특징은 보면 다음과 같다.

첫째는 지역 공동체 만들기로서 마치츠쿠리이다. 일본에서 지역 공동체 만들기는 1969년 국민생활 심의회보고 공동체생활 장에서 인간성 회복의 발표가 계기가 되어 자치성, 문부성, 후생성 등이 1970년대 적극적으로 추진한 사업이다. 일본자치성은 지방 자치 시행 30주년 기념으로 지방 자치 백서로 불리는 "지방 자치의 동향"을 간행하였다. 거기에서는 자립과 연대 정신에 기초한 자치 의식 형성을 지방 자치의 이후 과제로 강조하고, 지역 공동체 만들기를 특히 중시하였다. 그런 가운데 스스로 지역 공동체를 만드는 동시에 공동체 만들기 행정을 적극적으로 장려한 결과 도도부현의 약 70%, 시구정촌의 약 60%가 공동체 만들기를 실시해 전국에서 약 7,000개소가 공동체로 지정되는 성과를

15 Kawashima, Nobuko, "The Development of Art Projects in Japan: Policy and Economic Perspectives," Field, Issue 8, Vol. 2, 2017.

거두었다. 특히 1980년대 이후는 이른바 지방 시대라는 개념과 함께 문화 시대라는 개념이 보편화되는 한편 지역문화 정책의 일환으로 지역 공동체 만들기로서 마치츠쿠리가 적극적으로 추진되었다.

둘째는 어메니티 계획이다. 일본은 1980년대 경제 성장을 통해서 물질적 풍요를 만끽하는 가운데 문화 시대, 지방 시대를 슬로건으로 새로운 정신적인 풍요를 강조하게 되었다. 그리고 발전하는 과정에서 발생한 환경 오염과 공해, 자연 경관 파괴 등으로 인하여 생활 환경이 심각하게 훼손되어 환경 문제가 중시되는 가운데 삶의 질과 생활의 질을 높이려는 구체적인 움직임이 일어났다. 그런 어메니티 만들기는 생태 환경의 순환을 촉진하고, 공생하는 생태계 순환 시스템을 구축하는 데 목적이 있다. 그것은 인간이 삶을 영위하는 데 필수적인 좋은 생활환경을 만드는 것이며, 또한 동식물이 삶을 영위하는 데 필요한 좋은 생활 환경을 만드는 것이다. 거기에는 물질적 충족뿐만 아니라 정신적 충족이 가능한 생활 환경을 만드는 것이다.

셋째는 문화진흥시책, 문화진흥계획, 문화진흥지침 등이다. 문화청의 문화진흥시책은 지역문화진흥을 위한 시책을 함의하고 있고, 지역문화진흥의 방향성을 제시하고 있다는 점에서 중요하다. 그리고 각 지방 자치 단체가 지역문화 정책을 구체화된 것이 문화진흥계획이다. 지역에 의한 문화진흥을 위한 문화진흥계획은 지방자치법 제2조 4항에 근거하고 있다. 그 조항에서는 지방 자치 단체가 종합적이며 계획적인 운영을 위해서 기본구상을 정하고, 그것에 따라 사무 처리를 행하도록 하는 것을 의무화하고 있다. 또한 의회 의결을 거처 기본구상을 정하고 있다. 문화진흥에 관련된 문화계획이나 지침은 38도도부현, 8정령지정도시, 10중핵시 등에서 책정하고 있다. 그 외에도 많은 시정촌 수준에서 문화진흥계획이 수립되었다. 그리고 지역문화 정책을 위한 지역문화진흥지침은 각 도도부현 수준에서 정하거나 책정되어 진행되고 있다.[16]

16 구견서, 「일본에 있어서 지역문화정책모델과 특징」, 『한국일본학회논문지』, 제102권, 2015, pp.138~139.

제II부

유럽

1 영국의 문화자원

2 프랑스의 문화자원

3 이탈리아의 문화자원

제1장

영국의 문화자원

영국은 20세기 들어 두 번의 세계대전을 겪으며 그 영향력은 많이 줄었으나 한때 '해가 지지 않는 나라'라는 별칭을 가졌던 나라답게 지금도 과학, 문학, 문화산업 분야에서 선도적인 위치를 차지하고 있다. 영국은 유엔안전보장이사회의 5개의 영구회원국 및 북대서양조약기구(NATO)의 창설국 중 하나이다. 식민지 시대 대영제국의 영화는 사라졌지만 정치, 경제, 문화적인 영향력은 지속되고 있다. 그러나 영국은 2016년 EU 탈퇴를 선언하고 2020년 우여곡절 끝에 공식 탈퇴 협정이 가결되면서 EU 가입 43년 만에 유럽공동체에서 탈퇴하였고 같은 해 코로나19로 인한 대규모 재정 적자로 정부 부채만 2조 파운드(3천 105조 8천 6백억 원)를 넘기면서 격변의 시기를 맞고 있다. 유럽의 강국으로서 프랑스, 독일과 함께 유럽을 주도하던 영국은 EU 탈퇴라는 새로운 측면의 독립을 선택한 것과 다르지 않다. 영국의 선택이 유럽과 세계에 미칠 파급력이 어떤 식으로 전개될 것인 정확히 예측하기는 어렵지만 전통과 혁신의 조화 속에 꽃피운 수많은 문화자원과 우수한 인재들은 앞으로도 오랫동안 창의적이고 기발한 문화상품을 통해 세계인의 관심을 끌 것이다.

1. 일반 현황

영국은 잉글랜드, 스코틀랜드, 웨일즈와 북아일랜드로 구성된 연합 왕국United Kingdom이다. 스코틀랜드는 주민 투표를 통해 독립을 시도할 정도로 지역색이 강하고 북아일랜드 역시 20세기까지 아일랜드 역사의 일부로서 신교파 영국인과 가톨릭파 아일랜드인 사이에 갈등이 일상적으로 발생하는 곳이었다. 따라서 브렉시트로 인해 EU 회원국으로 남는 아일랜드 국경에서 이른바 '하드 보더Hard Border'[1]로 발생할 수 있는 소요 등의 문제에 대한 긴장도가 높아지고 있는 상황이다. 영국인의 절대다수가 기독교를 믿으며 국교는 영국 성공회이다. 그러나 실제 교회를 찾는 영국인은 절반도 채 되지 않는 것으로 조사된다. 민주주의가 제일 처음 꽃을 피운 나라 중 하나로 평가받는 영국이지만 군주제를 고수하고 있다. 현 여왕 엘리자베스 2세는 829년 잉글랜드를 통일한 에그버트왕의 직계 후손이다. 왕과 의회의 권력 투쟁으로 1689년 일부 제한된 입헌 군주제가 확립되었고 19세기 말부터 정치면에서 군주의 능동적 역할이 최소화되면서 군림은 하되 통치는 하지 않는다는 원칙을 지켜오고 있다. 영국은 귀족으로 대표되는 상위 계급, 중산층, 노동자층으로 이루어진 계급 사회이다. 같은 영어라도 계급별 사용하는 언어가 달라지며 사회적 교류, 인적 네트워크, 교육에 이르기까지 은연중에 보이지 않는 유리 천장이 여전히 존재하고 있다. 음식에 대한 평가는 상대적으로 미흡한 편이기는 하지만 피쉬앤칩스fish and chips와 맥주는 영국을 대표하는 서민적인 음식으로 정평이 나 있다. 영국의 전

1 하드 보더는 원격 카메라에서 경비 초소에 이르기까지 사람과 물건의 이동을 모니터링하고 처리하기 위해 북아일랜드와 아일랜드 공화국 사이의 경계를 따라 배치될 수 있는 모든 물리적 인프라를 의미한다.

통 식단은 쇠고기, 돼지고기, 양고기 또는 치킨과 같은 육류와 두 종류의 채소를 곁들인 소박한 메뉴로 구성된다. 사이드 요리는 주로 감자나 기타 뿌리채소가 쓰인다. 다문화 사회인 영국의 문화 다양성은 최근 음식 문화에도 큰 영향을 미쳐서 인도, 중국, 한국 등 여러 나라의 이민자들이 즐기는 다국적 요리가 영국인의 식문화를 바꾸어 놓고 있다.

영국인은 전통적으로 펍pub(선술집)이라 부르는 술집에서 스포츠 경기나 대중문화 공연을 관람하면서 다른 사람과 교류하는 것을 즐겨왔다. 음악, 뮤지컬, 연극을 감상하기 위해 남녀노소 할 것 없이 공연장 앞에서 길게 줄을 서는 모습은 어디서든 흔하게 볼 수 있는 풍경이다. 수준 높은 문화 소비자들은 비틀즈, 롤링 스톤즈, 아델과 같은 대중음악가, T.S. 엘리어트, 버지니아 울프, 애거사 크리스티, 조앤 롤링과 같은 문학가에 이르기까지 영국을 문화대국으로 우뚝 세운 디딤돌이라 해도 과언이 아니다.

[표 4] 2019년 영국 현황

인구	6천 6백 8십 3만 4천
언어	영어
면적	242,495㎢
GDP	2조 744억 달러(세계 6위)
1인당 GDP	46,827달러
평균 기대 수명	남 79.5세 여 83세

World Bank

2. 유형문화자원

영국의 박물관 전문가들을 지원하는 사이트인 culture24.org는 2011년 영국인을 대상으로 영국의 아이콘100을 선정하여 발표한 바 있다. 인기 TV드라마 닥터후Dr. Who시리즈부터 영국식 유머, 옥스퍼드영어사전, 심지어는 공중전화박스에 이르기까지 영국의 상징처럼 여겨지는 문화와 인사人士들이 열거되었다. 그중 하나가 1997년 설립한 세계에서 가장 큰 온실 정원인 에덴 프로젝트Eden Project이다. 영국 콘월의 거대한 분화구에 자리 잡고 있는 정원은 열대 우림, 아열대, 온대 온실 등 기후 조건에 따라 구분되어 있으며, 각각 다른 크기의 온실에서 다양한 종류의 식물을 감상할 수 있다. 또한 식물군과 어울리는 전통가옥, 매점, 여러 인공조형물이 함께 배치되어있다.

에덴 프로젝트는 단순한 전시가 아니라 자연의 일부로서 인간이 좀 더 책임있는 자세로 환경 문제에 관심을 갖고 지속가능한 지구촌을 가꾸어 나가자는

[그림 9] 에덴 프로젝트 https://www.edenproject.com/

광의적인 목표를 지닌다. 그렇기 때문에 전시회뿐만 아니라 강연, 답사, 워크숍 등 관련 정보를 습득할 수 있는 다양한 학습 프로그램이 진행되며 여름철 콘서트 및 흥미진진한 가족 행사를 원하는 시민에게도 공간을 대여하고 있다. 관람객들은 인류와 함께해 온 수많은 식물에 대해 배울 수 있다. 에덴 트러스트를 통해 모은 기금은 혁신적인 프로젝트와 학습 프로그램 개발과 진행에 사용된다. 2013년 충남 서천에 개관한 국립생태원은 에덴 프로젝트를 모델로, 일부 콘텐츠를 개발한 것으로 알려져 있다.

[그림 10] 아이언브릿지 에코뮤지엄
https://www.ironbridge.org.uk/explore/coalport-china-museum/

영국의 산업자원 중 세계 최초의 철교이자 산업 혁명기의 상징이기도 한 아이언브릿지Iron Bridge(이하 '철교')도 영국의 아이콘 리스트에 이름을 올렸다. 1986년 철교는 영국내에서 최초로 세계유산으로 지정된 장소 중 하나이다. 1779년 콜브룩데일Coalbrookdale의 세번강Severn River에 세워진 철교는 인근 산업유산과 네트워킹을 통해 에코뮤지엄으로 탄생하였다. 이 다리를 중심으로 반경 2km 안에 있는 박물관, 빅토리아 시대의 건물이 고스란히 남아 있는 올드타운과 철교의 설계자이기도 한 지역 인물, 아브라함 다비Abraham Darby가 살았던 집을 포함해 5개의 독립된 박물관과 30여 곳의 산업유적 및 역사유적지로 구성되어 있다.

2017년 영국유산위원회는 철교의 보수를 결정되면서 다리의 주철 부분의 녹을 제거하고, 벽돌과 갑판을 새단장했다. 전체 구조물은 보수 후 원래의 적갈색으로 다시 채색하였다. 이 과정에서 다리 옆에 임시 산책로를 설치하여 수천 명의 방문객이 보존 작업을 실제로 볼 수 있는 기회를 제공했다. 아이언브릿지는 인구 2,500여 명에 불과한 작은 도시이지만 연 30만 명 이상의 관람객이 철교를 메인테마로 하는 이곳의 에코뮤지엄을 찾고 있다.

3. 무형문화자원

펍은 영국인의 삶 자체라 해도 과언이 아니다. 영국인들에게 펍pub은 대화를 나누고, 먹고, 마시고 친구들과 교제하는 사랑방과 같은 장소로 오랫동안 사랑을 받아왔다. 원래 펍은 퍼블릭 하우스(공공건물)의 약자로 영국 전역에 60,000개가 넘는 펍이 있다고 한다. 잉글랜드 세인트올번스St. Albans에 있는 파이팅콕스Fighting Cocks는 가장 오래된 펍으로, 8세기에 지어졌다고 한다. 펍은 종종 두 개의 바bar로 이루어져 있으며 하나는 조금 조용한 공간으로 사용된다. 여름철에는 펍에 딸린 정원에 야외 식당이 세워지기도 한다.

[그림 11] 파이팅콕스펍 www.hertfordshiremercury.co.uk

대부분의 펍은 특정 맥주 양조장에 속해 있기도 하지만, 그곳에서 제조된 맥주 외에 다른 브랜드의 맥주

[그림 12] 노팅힐카니발 www.theguardian.com

도 판매한다. 영국의 대표적인 맥주는 쓴맛이 나는 짙은 색의 에일ale로, 주로 실온으로 제공된다.

최근에는 색깔이 더 밝고 차게 마시는 라거lager가 인기를 얻고 있는데, 스타우트라고 부르는 짙은 색의 부드러운 맛을 자랑하는 기네스맥주가 있으며, 서부 잉글랜드산 달콤하고 드라이한 사과주가 판매된다. 영국인의 맥주사랑은 각별해서 1인당 맥주 소비량은 100리터에 달하는데, 이 중 80%가 펍이나 클럽에서 소비된다고 한다. 펍에서는 술뿐만 아니라 샌드위치, 오믈렛, 파스타, 피쉬앤칩스 등 가벼운 식사가 가능하다. 또한 펍에서 잠시 다트 게임을 하거나 큰 경기가 있을 때에는 친구들끼리 삼삼오오 모여서 함께 열띤 응원을 하기도 한다. 미국식 펍은 테이블 서비스가 있으며 바텐더가 술을 제조하거나 서빙하기도 하지만 영국 펍에는 테이블 서비스가 없으며 바텐더는 남자일 경우 바맨

barman, 여성은 바메이드barmaid로 부른다.[2]

줄리아 로버츠와 휴 그랜트의 로맨스영화 '노팅힐'의 배경지로 잘 알려진 런던의 노팅힐 거리는 매해 8월 관공서 휴무일bank holiday 즈음한 토요일, 세계에서 가장 시끌벅적한 카니발의 거리로 바뀐다. 노팅힐카니발은 1966년 노팅힐가, 웨스트번공원Westbourne Park, 래드브로크그로브Ladbroke Grove, 켄설로드Kensal Road에서 시작한 화려한 카니발이다. 노팅힐카니발은 원래 1950년대 카리브인Carribean들이 주로 밀집한 주거지에서 유래되었다고 한다. 이 카니발의 참가자들은 이벤트 개최 전까지 비밀에 부치는 것이 관행이지만 대략적으로 매해 8월 토요일 밤에 밴드 연주와 워밍업 파티로 화려한 시작을 알린다. 일요일은 주로 어린 자녀가 있는 가족을 위한 날이다.

방문객과 지역 주민 모두에게 이 축제는 단순한 거리 파티가 아니라 모두가 참여할 수 있는 커뮤니티 프로젝트가 있다. 이 프로젝트에는 카니발 관람객이 직접 의상 및 마스크를 디자인한다거나 카리브의 문화, 전통 및 역사에 대한 정보를 얻을 수 있는 여러 이벤트가 들어간다. 화려한 거리 퍼레이드는 라이브 음악, 거리 공연 및 반짝이는 의상을 입은 50,000명이 넘는 댄서들로 구성된다. 60개가 넘는 밴드가 화려한 의상을 차려입고 거리를 행진하고 거리 곳곳에 세운 무대 위에서 밴드들은 활기찬 음악을 연주한다.

카니발에서 빼놓을 수 없는 것이 미각과 후각을 자극하는 맛난 음식이다. 250개가 넘는 포장마차들이 즐비하게 들어서 있는 거리는 단숨에 지구촌 푸드코트로 변모한다. 페퍼 포트pepper pot, 전통 염소 스튜goat stew, 빵, 과일 및 치

2 Barrow, Mandy, "British Life and Culture, Project Britain," http://projectbritain.com/pubs.htm, 검색일자: 2020년 8월 1일.

킨, 트리니다드 로티roti 및 럼 펀치rum punch에 이르기까지 다양한 카리브식 요리들이 관광객을 유혹한다. 채식주의자들을 위한 메뉴도 마련되어있다.[3]

4. 지역문화 정책

영국은 도시 재생의 발상지라 해도 과언이 아니다. 산업 혁명의 발신지로서 일찍이 산업화에 한 가운데에서 18~19세기를 주도했던 도시들은 인프라의 노후화나 환경오염으로 인해 몸살을 앓았다. 이에 영국은 경기침체에 허덕이던 도시들의 재생을 위해 20세기 중반부터 다양하고 획기적인 도시 재생 정책을 시행함으로써 도시환경을 개선하는 것이 당면한 정책적 목표였다. 영국이 본격적인 도시 재생에 나선 것은 70년대부터이다. 이 시기 중앙 정부 주도하에서 물리적 환경 개선을 중심으로 정책이 추진되었으나 지역민의 참여가 배제되거나 개발 이익이 지역으로 환원되지 못하는 등의 문제가 발생하였다. 이로 인해 1980년대는 지역 사회와 보조금이 중시되었고 중앙 정부, 지방 정부 및 주민커뮤니티의 참여를 의무화하고 보조금제도를 도입하게 된다. 1990년대 도시 재생 정책은 장소에 기반을 둔 정책을 실행하고, 침체를 겪고 있는 지역 사회 재생을 지속적으로 지원하며 주민을 비롯해 민관 분야의 이해 당사자의 참여를 유도하는 정책 수립을 주요 내용으로 한다.[4] 특히 문화 예술과 도시 재생을 접

3 런던노팅힐카니발 웹사이트, https://www.thelondonnottinghillcarnival.com/, 검색일자: 2020년 8월 1일.

4 김진, 우형달, 「영국의 도시재생 정책방향과 추진체계에 관한 연구」, 『부동산학보』, 제40권, 2010, p.183.

목한 도시 재생 정책은 유사한 문제를 안고 있는 여러 산업도시들의 전범canon 이 되었다.

1992년 재선에 성공한 보수당 정부는 예술, 박물관, 도서관, 문화유산, 미디어, 스포츠 및 관광을 주 업무로 하는 국립유산부National Heritage Department를 설립했다. 그 후 1994년 잉글랜드 예술위원회Arts Council of England, 스코틀랜드 예술위원회(현재 크리에이티브 스코틀랜드) 및 웨일즈 예술위원회로 나뉘어 관련 업무를 이관하였다. 따라서 각 지방은 예술 기금과 관련하여 자체 업무를 수행한다.

영국의 문화 정책이나 도시 재생에서 '팔길이 원칙Arm's Length Principle'은 각종 제도 운영의 근간이 된다. 팔길이 원칙은 1946년 설립된 '영국예술위원회Arts Council England'를 설명하기 위해 처음 사용된 용어로서 '간섭하지 않는다' 또는 '중립적으로 행동한다'는 의미를 담고 있다. 1946년 세계 최초의 국가적 문화 예술 지원 기구로서 설립한 영국예술위원회는 왕실헌장Royal Charter에 입각하여 설립되었는데, 팔길이 원칙이라는 불간섭주의와 지원금 합의문서에 바탕을 두고 있다.[5] 즉, 재정 지원을 하되 간섭을 하지 않는다는 원칙으로서 지자체나 문화단체의 독립성을 보장한다. 영국 문화미디어스포츠부는 2016년 편찬한 문화백서에서 부처의 첫째 목표를 생애 어떤 시점에서든 문화가 제공하는 기회를 모든 이가 누릴 수 있게 한다는 데 방점을 두었다. 또한 문화 예술 프로그램 중 참여가 가장 저조한 70여 개 분야를 집중적으로 지원한다고 밝히고 있

5 정인숙, 「한국 문화예술지원 정책의 팔길이 원칙 이념과 실현의 문제-박근혜 정부의 블랙리스트 사건을 중심으로-」, 『언론정보연구』, 제54권 제3호, 2017, pp.9~10.

다.[6] 그러나 지난 몇 년 동안 문화 소비자의 참여를 지원 기준에 포함하면서 홍보가 어려운 아마추어 예술가들의 활동이 많이 위축되는 부작용도 나타나고 있다.[7] 브렉시트 결정으로 문화 분야에서도 고용 감소를 우려하는 시각도 있으나 2016년 문화백서에 밝혔듯이, 영국 정부는 문화가 제공하는 기회를 모든 사람이 누릴 수 있어야 한다는 기본원칙을 재확인하고, 공적자금을 지원하는 문화단체에 대해 문화복지의 측면에서 모든 시민의 문화접근성을 높일 것을 주문하고 있다.[8]

6 "The Culture White Paper," Department for Culture, Media & Sport, 2016, p. 8.

7 "Cultural Policies Trends in the EU," 2018, p. 15.

8 "Compendium of Cultural Policies & Trends," 2019. https://www.culturalpolicies.net/country_profile/uk-1~1/, 검색일자: 2020년 7월 30일.

제2장

프랑스의 문화자원

대부분의 사람들은 파리를 프랑스문화의 발상지로 여기지만 사실 프랑스는 지방마다 특색 있고 고유한 문화정체성을 가진 거대한 박물관이라 할 수 있다. 역사적으로 프랑스문화는 켈트와 갈로로망Gallo-Roman문화[1]의 영향을 받았다. 갈리아 시대, 로마점령기를 거쳐 프랑스는 초기 라인랜드Rhineland(로마 시대에는 골Gaul로 지칭)로 알려진 독일영토의 서쪽 부근에서 발원한 나라였다. 프랑스 역사는 486년경 독일 프랑크족의 갈리아Gallia(지금의 프랑스, 벨기에, 서부 독일 일부) 정복으로부터 시작된다. 프랑스의 중세는 프랑스문화의 황금기의 초석을 놓은 시대이다. 유럽의 정치에 적극적으로 관여하여 공격적인 외교 정책을 폈다. 잉글랜드와의 백년전쟁(1337~1453)은 수세대에 걸쳐 벌어진 전쟁으로 영토확장과 왕권 다툼이 주된 이유였는데, 결과적으로 잉글랜드는 유럽 대륙에 간섭하려는 야망을 버렸고 어렵게 왕위를 지킨 프랑스 왕실은 유럽의 독립 군주국가로서 당당한 위치를 차지할 수 있는 발판을 마련하였다.

프랑스 왕 중 유일하게 사후 성인의 칭호를 받을 정도로 성군으로 평가받는

1 로마점령기의 문화를 일컫는 말. 골족의 후예인 프랑스인들은 골족의 문화와 300년경 로마 점령 후 유입된 로마문화의 영향을 받은 당시의 문화를 가리켜 갈로 로망문화라고 부른다.

루이 9세의 43년간의 치세에서 프랑스는 행정조직을 재편하고 관리의 비리를 엄벌했으며 통화를 안정시키고 왕실의 사법권, 행정권을 강화하였다. 위조화폐를 엄벌하고 관리의 권한과 의무를 상세하게 규정함으로써 상업 활동에 기초를 다졌다. 프랑스의 르네상스는 놀라운 문예 부흥, 신세계 탐험과 프랑스어의 표준화로 집약된다. 근대 초기 프랑스어와 문화가 유럽 상류사회에서 두루 통용되기 시작하였다. 특히 국왕 프랑스와 1세는 르네상스 예술에 심취하여 프랑스에 다빈치 등 여러 이탈리아 예술가를 초빙해서 작품 활동을 후원하였는데, 프랑스에 르네상스 운동이 전파되는 데 가장 크게 기여하였다. 20세기 전까지 유럽문화를 주도한 프랑스의 자문화에 대한 드높은 자부심은 이렇게 오랜 역사에 그 뿌리를 두고 있다. 프랑스 문화의 특징은 약자에 포용적이면서 기득권에 대한 투철한 저항 의식을 바탕으로 창의적이고 도전적인 문화정체성을 갖고 있다는 점이다. 뿐만 아니라 다른 문화에 대한 높은 수용성은 프랑스의 문화 다양성을 보다 풍부하게 만든다.

1. 일반 현황

프랑스의 공식 명칭은 프랑스공화국으로, 정치, 역사, 문화적으로 서구에서 가장 중요한 국가 중 하나이다. 대서양과 지중해, 알프스 및 피레네산맥에 둘러싸인 지리적 이점을 기반으로 오랫동안 유럽 북부와 남부 유럽을 연결하는 가교역할을 해왔다. 포도주로 대표되는 농업강국이자 세계를 선도하는 산업국가 중 하나이다. 농업에 유리한 온대기후와 해양성기후, 지중해성 기후 등 세

가지 특징이 지역별로 나타난다.

프랑스가 1905년 제정한 '라이시테laïcité'법은 사적인 영역에서 종교의 자유는 보장하되 공적인 영역에서는 종교의 색채를 엄격히 배격하는 내용을 골자로 한다. 실제로 무슬림의 차도르나 유대인의 키파 착용을 금지하는 등의 세속주의 원칙을 고수한다. 그러나 미국 국무부의 자료에 따르면, 2019년 프랑스 국민의 절반에 가까운 48%가 가톨릭교를 믿고 있으며 이슬람교가 3%, 개신교 3%, 불교 2%, 기타종교 2%로 조사됐다. 다시 말해, 전체 60% 이상은 종교 활동에 참여하고 있다. 반면 국민 34%는 종교가 없는 것으로 나타났다.[2]

프랑스인은 르네상스 이후 문화를 마음의 양식을 키우고, 지성, 지식, 학문, 창의적 능력을 제고하는 기제로 여겨 왔다. 또한 평등을 가치 있게 여기며 자유와 형제애(인류애)를 중시하고 결혼과 성性에 대해 열린 태도를 취한다. 정치인을 비롯한 사회지도자조차 혼외정사나 혼전 동거[3]에 관대한 편이다.

19세기부터 꾸준히 이민자가 유입되어 20세기 초 유럽 난민을 포함한 이민자들에게 가장 개방적인 국가라는 명성을 얻었지만, 이 명성은 20세기 후반 아프리카 이민자가 폭증하면서 균열이 생기기 시작했다. 현재 다른 EU 국가들과 마찬가지로 경제침체, 사회통합 비용의 증가, 정치적 우경화 등 다양한 이유로 이민에 대한 반감이 커지는 상황이다.

프랑스의 행정 구역은 2019년 현재 18개의 레지옹région(본토 13개)으로 구분하며, 레지옹은 다시 101개의 데파르망département으로 나뉜다. 이것은 322

2 Office of International Religious Freedom, "France 2019 International Religious Freedom Report," U.S Department of State, 2019, p.3.

3 프랑스는 전통적인 혼인외에도 PACS(Pacte Civil de Solidarite)라 하여 세금 혜택과 같은 혜택을 결혼한 부부와 동일하게 부여하고 있다.

[표 5] 2019년 프랑스 현황

인구	6천 7백 5만 9천
언어	프랑스어
면적	640,679㎢
GDP	2조 7백 7억 달러(세계 7위)
1인당 GDP	41,761달러
평균 기대 수명	남 79.6세 여 85.4세

세계은행

개의 아롱디세망arrodissement, 1,996개의 캉통canton, 가장 하위 개념은 코뮌commune으로, 우리나라의 면이나 미국의 타운십 개념과 유사한데, 전국에 36,529개가 있다.

2. 유형문화자원

에코뮤지엄 개념을 최초로 주창한 건축가 르 코르뷔지에Le Corbusier(1887~1965)가 설계한 17개의 건축물은 2016년 유네스코 세계유산으로 등재되었다. 그는 스위스 태생이지만 프랑스 시민권자로서 생애 대부분을 건축적 영감을 얻고자 세계를 누비며 현대건축의 토대를 구축하는 데 헌신하였다. 따라서 새로운 건축설계로 도시풍경을 바꾸어 놓은 그의 소산은 프랑스뿐만 아니라 인도, 아르헨티나, 일본 등 여러 나라에 산재해 있다. 도시계획가이기도 한 르 코르뷔지에는 기존의 건축 문법을 타파하고 새로운 건축 양식을 도입하여 도시인의 생활환경을 개선하는 실험을 해왔는데, 장벽에 부닥칠 때마다 "건축

설계는 인내심이 필요한 연구"라고 토로했다고 한다. 그는 20세기 격변하는 사회의 요구에 부응하는 혁신적인 건축기법을 프로젝트에 적용하려 했다. 르 코르뷔지에가 1955년 지은 노트르담 뒤 오트 성당Notre Dame du Haut은 프랑스 롱샹Ronchamp에 위치하고 있다. 그의 후기 건축 스타일을 대담하게 보여주는 건물로서 예배당은 2개의 출입구와 제단 및 탑 아래 3개의 부속 예배당이 있는, 군더더기 없는 극단의 심플함을 특징으로 한다.

사부아저택Villa Savoye는 1928년부터 31년까지 지어진 사부아 가족의 저택으로 2차대전 중 심하게 훼손되었다. 1958년 푸아시Poissy 시정부가 고등학교를 짓기 위해 사들였다가 62년 주정부에 기증하였다. 63년부터 복원 작업을 시작했으며 1964년 르 코르뷔지에가 한창 활동을 할 당시 매우 드물게 역사적인 기념물로 등재되었다. 이 건물은 그가 강조한 현대건축의 5원칙에 가장 충실한 모델이라 할 수 있다. 필로티로 1층을 띄워 주차장처럼 활용하고 옥상에는 루프가든roof garden을 설치했다.

건물 하중을 벽이 아니라 기둥으로 지탱함으로써 건물 전면을 더 자유롭게 꾸밀 수 있게 되었다. 창은 가로로 길게 연속으로 내어서 자연광을 더 많이 받아들일 수 있게 한다. 1930년대에 르 코르뷔지에는 어바니즘urbanism에 관한 이론을 재구성하여 1935년에 『라 빌레 라 디우스The Radiant City』를 출판했다. 수직적 팽창과 넓은 오픈스페이스를 특징으로 하는 '래디언트 시티'는 오늘날 도시 재개발에도 상당한 영향을 미쳤다.

1986년 오래된 기차역을 개조해 새롭게 개관한 오르세 미술관Musée d'Orsay은 19세기부터 20세기 초까지 프랑스를 비롯해 유럽과 미국 작가들의 작품을 전시하고 있다. 밀레, 쿠르베, 카르포, 마네, 모네, 르누아르, 드가, 세잔, 로댕,

[그림 13] 노트르담 뒤오성당 https://www.collinenotredameduhaut.com/

[그림 14] 사부아저택 http://www.villa-savoye.fr/en/

고갱, 반고흐, 갈레, 보나르 등 한 세기를 풍미한 인상파 예술가들의 걸작품을 만날 수 있다. 이 미술관이 위치하고 있는 기차역은 1900년 만국박람회 당시 지어진 역사유적지로, 파리 중심부에 있어 접근성이 뛰어나며 센강, 루브르 박물관, 튈르리 궁전과 가까운 거리에 있다.[4] 과거 오르세 궁정에서 기차역으로 다시 미술관으로 바뀌는 과정에서 건축 양식과 전시 내용으로 논쟁을 야기하기도 하였다. 독특한 이력을 가진 건물답게 한때 건물 용도를 결정하지 못해 폐허 상태로 40여 년을 보내기도 했으며 해체의 위기를 겪기도 했다고 한다. 우여곡절 끝에 1978년 미술관 건축을 결정하고 복합문화센터로서의 새로운 요구를 수용하여 미술관에도 서점, 카페, 강당 등을 설치하였다. 매년 약 3백만 명의 관람객을 불러모으며 지역 활성화에 지대한 공헌을 하고 있다.[5]

3. 무형문화자원

샴페인은 프랑스의 상파뉴Champagne에서 유래한 스파클링와인을 지칭하는데, 지명과 똑같은 철자를 사용한다. 포도주와 더불어 프랑스인의 소울푸드 중 하나이며 전국에서 가장 유명한 음료이다. 원산지 보호 명칭AOC, Appellation d'origine contrôlée으로 프랑스 샴페인 지방의 스파클링와인(발포성와인)만을 샴페인으로 명명할 수 있다. 우리나라도 2011년 EU와 자유무역협정을 체결하면서

4 오르세미술관 공식 웹사이트, https://m.musee-orsay.fr/ko/informations

5 윤학로, 「산업유산과 오르세 미술관: 절충과 전환의 문화공간」, 『프랑스문화예술연구』, 제32집, 2010, pp.566~567,

샴페인 명칭을 쓰지 못하게 되었다. 신년 축하나 생일파티에 일반적으로 마시며, 세계인이 즐기는 음료이다.

상파뉴 지역이 샴페인으로 유명하게 된 두 가지 핵심요소는 기후와 토양이다. 상파뉴는 위도가 높은 지역으로 서늘하고 비가 자주 오는 기후는 신맛을 간직하면서도 당도가 높은 포도주의 생산을 가능하게 한다. 또 하나는 백악질 토양이다. 백악질은 석회질의 한 종류인데, 배수가 탁월해 물이 순환하기 좋다.[6] 석회질로 구성된 퇴적암(75% 석회암)도 마찬가지로 이 유형의 토양은 배수가 잘 되고 샴페인에 흡수되어 발견되는 특정 미네랄과 고유의 향을 준다. 다공성이 높기 때문에 습기를 품는 용량이 크며 이런 이유로 건조기에도 덩굴에 물을 꾸준히 공급한다. 백악질은 모세관 작용을 통해 물에 유입되고 포도의 성장기에 충분한 물 공급은 숙성, 산도 및 향 사이의 균형을 알맞게 조절한다.[7] 2015년 유네스코는 상파뉴 지역 내 14개의 샴페인 저장고, 언덕 및 관련 장소를 '문화경관cultural landscape' 범주에 등재했다. 이 지역 샴페인 관련 문화자원이 보호할 보편적 가치가 있다는 점을 확고히 한 사례라 할 수 있다. 상파뉴에는 와인과 영양학 연구로 유명한 포르 샤브롤 연구소Institute Fort Chabrol가 있으며 유서 깊은 포도농장, 와이너리 등도 즐비하다.

프랑스 노르망디 지방의 그랑빌Grandville은 인구 1만 3천여 명의 작은 항구도시이다. 프랑스에서는 조개잡이 항구로 알려져 있지만, 랍스터도 유명하다. 디자이너 크리스챤 디올Christian Dior이 어린 시절을 보낸 도시로,[8] 1997년 그의

6 "김지선의 샴페인여행 3," 소믈리에타임즈, 2018년 1월 12일자.

7 https://www.champagne.fr/en/terroir-appellation/champagne-terroir/limestone-subsoil, 검색일자: 2020년 8월 1일.

8 노르망디 관광사이트, https://en.normandie-tourisme.fr/highlight/granville-carnival/, 검색일자: 2020년

[그림 15] 크리스챤 디올 박물관
http://www.musee-dior-granville.com/

생가는 박물관으로 재탄생했다. 디올 박물관은 그의 패션 감성에 영감을 준 아름다운 저택이다. 그랑빌카니발은 사순절 전날Shrove Tuesday 이전의 금요일부터 4일 동안 이어지는 축제로, 약 150년의 역사를 가진 카니발이다. 2016년 유네스코 무형문화유산으로 등재되었다. 카니발은 그랑빌공동체와 근처 지역 사회가 공동 진행한다.

그랑빌시장은 카니발 왕(딱딱한 종이로 만든 형상)에게 열쇠 꾸러미를 건네면서 축제의 시작을 알린다. 동시에 밴드와 약 40여 개의 장식 수레가 거리를 행진한다. 2,500명이 넘는 카니발 참가자는 종종 한창 회자되는 정치 및 유명 인사를 풍자하여 6개월 동안 제작한 수레와 인형과 행진한다. 각 참가자는 도시 지역 또는 친구, 동료 또는 가족 그룹을 대표하는 위원회에 소속된 사람들이다. 지자체 부서들도 일부 조형물을 설치하고 카니발을 지원한다. 각기 다른 연령층을 위한 사교 무도회가 열리고 마을 광장에서는 색종이 뿌리기도 벌어진다. 콘서트와 팡파르, 멋진 조명 행렬, 그리고 청년, 어린이와 노인층을 위

8월 1일.

[그림 16] 그랑빌카니발 https://www.carnaval-de-granville.fr/fr/le-carnaval/

한 무도회 등이 펼쳐진다. 카니발의 마지막 날, 수레에는 '카니발젠틀맨Carnival Gentleman'이란 이름을 붙인 인형에 선고를 내리고 부두에서 모닥불을 피워 정죄한다. 참가자들은 의상을 차려입고 변장하여 지인을 속이는 장난을 치거나 '음모의 밤'이라는 행사를 마지막으로 축제는 막이 내린다. 그랑빌 카니발은 지역 사회의 자부심과 결속력 제고에 기여한다. 2018년 행사에는 15만 명 이상의 관람객이 방문하여 지역 경제 활성화에도 큰 견인차 역할을 하였다.

4. 지역문화 정책

프랑스의 절대 왕정 시대 왕실 가족은 문화 예술의 강력한 후원자였는데, 예술가의 작품은 종종 왕실의 권위를 세우고 권력을 과시하는 목적으로 사용되었다. 적어도 1789년의 시민혁명 이전까지 문화 예술은 지속적으로 중앙권력에 종속되었다. 이처럼 프랑스는 오랜 중앙집권적 전통을 가진 나라로, 지금도 국가는 문화 분야에서 핵심적인 역할 수행을 적극적으로 수행하고 있다. 프랑스의 문화부는 1959년(우리나라는 90년대 초 김영삼 정부 시절 독립적인 문화부 창설) 드골의 제5공화정 때 만들어졌는데, 앙드레 말로를 비롯한 작가와 예술가들이 대거 참여해 문화부의 초석을 놓았다. 앙드레 말로는 프랑스의 초대 문화부 장관으로서 이 시기 재정적인 면에서 예술에 대한 지원을 대폭 늘렸으며, 예술가의 권리 보호도 강화하였다. 또한 표현의 자유를 침해하는 검열이나 정치적 개입과 같은 행위도 차츰 사라졌다.[9]

현재 문화부의 기본업무는 입법, 관리, 분배, 선도 등을 포함한다. 즉, 입법을 통해 문화 관련 법령을 제정, 집행하며, 문화유산과 창작자의 권리를 보호하고 공공 문화 시설을 직접 관리하고 감독한다. 또한 지자체와 각종 문화단체를 지원한다. 60년대 이후 문화부의 업무는 행정 분산화가 추진되면서 1977년 지역문화국 또는 지역문화부로 이관된다. 중앙집권적 성격이 강한 프랑스의 문화 정책이지만 지역문화부서를 통해 중앙 정부에 예속되지 않으면서 문화

---

9 Loosely, D., "Cultural Policy in France Since 1959: arm's length, or up close and personal?:," 노르딕문화연구소(Nordic Cultural Institute)가 2001년 수행한 『노르웨이의 변화하는 문화정책 연구(Norwegian Cultural Policy under Change)』 중 발췌, p. 4.

행정의 독립성을 보장하고 행정을 구체적으로 실현하는 제도로 볼 수 있다.

1982년 지방분권이 실시되면서 문화 정책 역시 지방분권화가 진행되었고 문화 부분 예산도 대폭 늘어나게 된다. 이와 더불어 지자체마다 고유한 문화 정책을 추진하고 있으며 레지옹은 지역의 언어와 문화 보존, 활용 및 홍보, 레지옹의 박물관 건립 및 재정 지원과 고문서 보존 등을 담당한다. 기존의 지역문화국(부)과 연계하여 문화 예술 교육, 문화 행정 전 분야를 지원한다.

데파르트망의 주요 업무는 도서관, 박물관 건립 및 재정 지원, 고문서 보존 및 관리, 각종 문화 행사 등이 포함된다. 기초자치단체인 코뮌은 도서관, 박물관 건립 및 재정 지원, 고문서 보존 및 관리, 도시의 문화유산 보존과 가치 증진, 문화 행사, 예술 교육 기관 지원 등 다양한 업무를 수행한다.[10]

10 배준구, 「프랑스 도시축제의 특성과 구조-아비뇽 축제를 중심으로-」, 『한국지방정부학회 2006년도 동계학술대회논문집』, 2007, pp.345~348,

제3장

이탈리아의 문화자원

이탈리아는 2020년 현재 인구 6천만 명이 넘는 남유럽의 주요 국가 중 하나이다. 로마 시대의 찬란한 문화유산을 원형으로 하여 르네상스의 발상지로서 문화 예술, 건축, 음악, 음식 등 거의 전 분야를 망라해 수준 높은 문화 양식을 자랑한다. 늘 외국인 관광객들로 북적이는 이탈리아이지만 국민 96%는 이탈리아 국적이며 외국인은 북부 아프리카, 알바니아, 독일을 비롯해 국경을 접하고 있는 프랑스, 스위스, 오스트리아에서 이주한 유럽인이 4%를 차지하고 있다. 공식 언어는 이탈리아어가 사용되지만, 지중해에 있는 시칠리아, 사르디니아, 코르시카섬의 방언이나 베네치아 및 밀라노 지역의 방언들이 통용된다. 남북으로 길게 뻗은 장화 형상의 이탈리아는 삼면이 바다로 둘러싸여 있는 반도국이자 아펜니노Appennino산맥이 거의 전 국토의 중앙에 걸쳐 등뼈처럼 뻗어 있으며 북쪽으로는 알프스와 접하고 있다. 이탈리아는 해양지대와 산림이 다양하게 분포하는 천혜의 자연환경을 가지고 있다. 아울러 인류역사상 위대한 자취를 남긴 로마제국의 유적지와 문화유산이 도처에 산재해 있다. 유네스코

세계문화유산이 50곳에 이르러 세계에서 가장 많이 등재되어 있는 국가이다.[1]

1. 일반 현황

이탈리아는 19세기 중반 지금의 국가가 형성되기까지 수많은 도시국가들이 명멸해 온 기나긴 분열의 역사를 가진 나라이다. 제2차대전에서 무솔리니의 파시스트 정권이 붕괴하고 48년부터 공화제가 시행되었으며 내각책임제의 정부 형태를 채택하고 국가수장인 대통령은 입법부와 각 주의 대표자로 이루어진 회의에서 선출된다. 50년대까지는 농업국이었으나 20세기 중반 이후 북부를 중심으로 산업화, 도시화를 통해 공업과 상업을 성장 동력으로 발전해 왔다. 몇몇 대기업에 의존하기보다는 수많은 중소기업, 협동조합이 이탈리아경제의 한 축을 차지하고 있다. 이 외에도 관광업, 패션 산업에서 선도적인 위치에 있다. 그러나 2008년 세계적인 금융위기 이후 10년 넘게 경제는 침체로 빠져들었고 남북 간의 경제 격차도 점점 더 커지고 있으며, 저출산으로 인한 인구 감소, 이로 인한 경제 성장 정체, 정치인의 지속적인 부패 스캔들은 이탈리아 경제 전망을 더 어둡게 하고 있다. 이런 위기 속에서도 이탈리아 정부는 문화예산의 지속적인 증가세를 유지하고 있다. 문화유적이 산재한 나라답게 유산 보호와 복원, 박물관, 미술관 시설 관리 분야에 매해 20억 유로(약 2조 8천억 원) 이상의 예산을 투입하고 있다. 이탈리아는 유로를 쓰는 유럽 국가 중에서 세 번째로

1 세계문화유산은 독일 43곳, 스페인 42곳, 프랑스 39곳, 중국 37곳 순으로 많이 등재되어 있으며 우리나라는 2019년 현재 서원, 산사, 조선왕릉 등 13곳이 포함된다.

큰 나라이다. 또한 부채 비율은 유럽국가 중 가장 높다. 설상가상으로 2020년 지구촌을 강타한 팬데믹의 피해를 가장 많이 받은 나라 중 하나이다. 이로 인해 제2의 그리스가 될 것으로 우려하는 목소리가 나오기도 하는데, 산적한 재정 문제의 해소 여부에 따라 앞으로의 국가 운명이 좌우될 것으로 보인다.

[표 6] 2019년 이탈리아 현황

인구	6천 31만 7천
언어	이탈리아어
면적	301,340㎢
GDP	1조989억달러(세계8위)
1인당 GDP	32,947달러(한국 31,431달러)
평균 기대 수명	남 79.16세 여 84.53세(세계4위)

출처: 세계은행

2. 유형문화자원

이탈리아는 고대 에트루리아Etruria와 로마제국의 후예답게 나라 전체가 유형문화자원으로 넘쳐난다 해도 과언이 아니다. 가히 유럽 문화의 정수로서 유네스코 세계유산으로 지정되어 있는 문화유산만 해도 세계적으로 잘 알려져 있는 폼페이 유적지, 콜로세움, 트라야누스 기둥, 트레비 분수, 피사의 사탑 등 손꼽기 어려울 정도로 많다. 로마 시내 북서부에 위치한 바티칸시국 역시 도시 전체가 세계유산에 등재된 바 있으며 기독교 성지로서 성 베드로 대성당, 바티칸 박물관을 비롯한 아름다운 건축물과 예술품을 도처에서 마주할 수 있다.

다음은 이탈리아의 유형문화자원 중 유네스코 세계유산으로 등재된 몇 곳을 소개하려고 한다. 첫 번째는 토스카나주에 있는 메디치Medici 가문의 저택과 정원이다. 피렌체(플로렌스) 지방을 기반으로 하여 번영을 구가한 메디치 가문은 다빈치, 라파엘, 마키아벨리 등 수많은 작가와 문화 예술가를 후원함으로써 유럽의 르네상스 시대에 가장 큰 영향을 미쳤다. 메디치 가문은 1397년 메디치 은행을 설립하며 부를 축적해 나갔고 이후 약 300년간 피렌체를 유럽 문예 부흥의 요람으로 만들었다.[2] 메디치 가문은 또한 네 명의 교황을 배출하였으며 유럽 국가들의 왕실과의 혼맥을 통해 부와 권력의 정점을 이루었다. 이러한 역사적 배경으로 인해 피렌체에는 유럽에서 위세를 떨치던 가문의 고향인 만큼 이들의 후원으로 탄생한 유적지와 예술 작품이 넘쳐난다. 그중 메디치 가문의 저택은 화려하고 아름다운 건축미를 인정받아 2013년 유네스코 세계유산으로 지정되었다. 저택 부지는 토스카나의 아름다운 풍경을 배경 삼아 12개의 대저택과 2개의 정원이 조성되어 있다. 15세기에서 17세기 사이에 건립한 이 전원 건축물은 자연과 조화를 이루고 당시로서는 혁신적인 건축 시스템을 가감 없이 드러낸다. 저택의 규모만 보더라도 간접적이나마 메디치 가문의 전성기를 느낄 수 있다. 이 시대의 부유한 피렌체 귀족들이 소유한 농장형 저택이나 군사적인 위세를 과시하기 위한 성채와는 다른 새로운 형태의 고풍스러운 저택으로 평가된다. 메디치 가문의 저택은 건축, 정원 및 환경 간의 조화를 최우선시하여 지어졌는데, 이탈리아와 유럽 전역의 왕실가의 건축 방식에도 지속적인 영향을 미쳤다고 한다. 메디치가의 정원과 자연환경의 일체감은 조경적인 측면에서 르네상스 시대의 정신이라 할 수 있는 인문주의를 강화하는 데 도움이

2 Cuozzo, N., "The Florentine House of Medici (1389~1743): Politics, Patronage, and the Use of Cultural Heritage in Shaping the Renaissance," The State University of New Jersey, Master's thesis, 2015, p.7

[그림 17] 메디치가 전경 https://villegiardinimedicei.it/the-villa-medici-in-fiesole/

되었다.[3]

이탈리아 중부에 있는 아시시Assisi는 언덕 위에 자리하고 있는 농촌도시로 중세의 모습을 간직한 건축물이 많으며 평생 청빈한 삶을 살며 환자들을 돌봤던 프란치스코(1181~1226) 성인이 태어난 곳이다. 그는 환자들의 치유를 돕기 위해 아시시 언덕에 작은 교회를 짓고 믿음과 봉사의 삶을 실천했는데 사후 2년 만에 성인 칭호를 받았고 아시시에 있는 성 프란치스코 대성당과 관련 장소들은 2000년 세계유산으로 등재되었다. 성 프란치스코 대성당은 프란치스코 성인에 감화된 12형제들이 조직한 프란치스코회의 모교회로 1228년부터 착공되어 1253년 완공되었다. 이 성당은 중세 후기에 활동했던 치마부에Cimabue, 지오토Giotto, 시모네 마르티니Simone Martini, 피에트로 로렌제티Pietro Lorenzetti

3 유네스코 공식 웹사이트, http://whc.unesco.org/en/list/175

[그림 18] 폼페이유적지 위키피디아 ⓒ McLillo

및 피에트로 카발리니Pietro Cavallini의 작품을 포함해 다수의 프레스코[4] 회화 작품을 소장하고 있다.

이탈리아 남부 나폴리 연안에 위치한 고대 도시 폼페이Pompei는 79년 베수비오 화산 폭발로 흔적도 없이 화산재에 파묻혀 있다 무려 1,500년이 지나 그 모습을 드러냈다. 이 신비로운 고대도시는 1748년부터 발굴을 통해 세상에 알려지기 시작하였고 19세기가 돼서야 체계적으로 발굴과 복원이 추진된다. 발굴이 진행되면서 화려한 건축물, 예술 작품, 모자이크, 조각상 등이 자태를 드러냈으며 로마 귀족들의 휴양 도시로서 그 웅장한 규모로 인해 총 66만m^2(약 20만평)에 달하는 유적지 중 발굴은 이제 3분의 2 정도 마친 상태이다. 발굴한 터 중에서 저택의 면적이 2,700m^2(약 817평)가 넘는 것도 눈에 띈다. 거의 한 블록 전체를 차지하는 규모인데 수영장, 안마당atrium, 회랑, 대리석으로 장식한 목

4 르네상스 시대에 많이 사용된 회화기법으로 석회, 석고 등으로 만든 석회벽에 채색하는 회화 방식이다.

욕탕, 벽화, 정원에 조성한 청동상, 분수대, 창고 등이 발굴, 복원되면서 당시 폼페이 시민들이 얼마나 화려하고 사치스러운 생활을 했는지 보여준다. 화산 폭발을 피하지 못한 주민 13여 명이 그대로 파묻혀 버린 '도망자의 정원Garden of Fugitives'은 이름 모를 이들이 보금자리를 뒤로한 채 생명이 꺼져 가며 절박하게 붙잡았던 순간순간을 고스란히 전하고 있다. 이 밖에도 공중목욕탕, 인도, 마찻길, 광장, 평민들이 살았던 작은 집터들, 식당가, 원형 경기장 등이 복원되었거나 지금도 발굴 중이다.[5]

3. 무형문화자원

개인주의적인 서구인과는 달리 이탈리아인들은 가정의 가치를 최우선으로 여긴다. 이런 분위기로 인해 가족 간 유대감은 상당히 끈끈하며 핵가족이 현대의 대세가 된 지금도 3대가 함께 모여 사는 대가족이 심심치 않게 눈에 띈다. 가족 모임도 잦은 편이고 가족을 위해 시간을 내는 것도 마다하지 않는다. 이탈리아는 가족을 기본 단위로 하여 인적 네트워크를 구성하는 데 익숙한 사회라 하겠다. 이탈리아인에게 음식은 가족과 친구들과 연계성을 강화하기 위한 중요한 수단이다. 이탈리아 가정을 방문하는 사람은 누구나 음식을 대접받는다. 전형적인 아침 식사는 에스프레소, 버터, 롤빵으로 간단하게 먹으며 점심 식사는 비교적 풍족하게 잘 차린다. 이탈리아인에게 파스타는 소울 푸드와 다름없

5 Board of Cultural Heritage of Pompeii, "A Guide to the Pompeii Excavations," Board of Cultural Heritage of Pompeii, 2015, pp. 14~27.

다. 과거 낮잠을 자는 문화인 시에스타가 있었으나 최근에는 점차 없어진 곳이 늘어나고 있으며 따라서 점심 식사도 아침처럼 간단히 먹는 사람이 많아지고 있다. 이탈리아인의 약 90퍼센트가 가톨릭교를 믿는다. 르네상스의 발상지로서 이탈리아는 다빈치, 미켈란젤로, 라파엘 등의 예술가와 작가인 단테, 피에트로 벰보Pietro Bembo, 마키아벨리, 아리오스토Ariosto가 탄생한 곳이기도 하다. 이 외에도 수준 높고 특색있는 무형문화자원은 정치적 질곡 속에서도 흐트러짐 없이 전승되어 오늘에 이르고 있다. 이번 절에서는 이탈리아의 대표적 무형문화자원을 소개한다.

1) 시칠리아 인형극

이탈리아 최남단에 위치한 시칠리아는 이탈리아의 자치주이자 지중해에서 가장 큰 섬이다. 지리적으로 유럽과 아프리카를 연결하는 길목에 있어 이탈리아 본토와는 색다른 독특한 문화가 존재한다. 그중 기원전 8세기에 형성된 팔레르모Palermo는 시칠리아 왕국의 수도로 한때 유럽의 문화 중심지 중 한 곳이었다. 지금도 지역 내 건축 양식이나 예술 작품을 통해 유럽, 아프리카, 아랍 등 다양한 고대문화 양식이 공존하고 있는 것을 가장 잘 보여주는 도시라 할 수 있다.

시칠리아의 인형극은 2008년 유네스코 무형문화유산으로 지정되었는데, 팔레르모 인형극은 이곳에 설립한 인형극 학교에서 배출한 전문 단원들이 인형 제작과 조종 기술, 무대 설치 등에 탁월한 재능을 발휘하고 있어 예술성이 특히 뛰어나다. 오페라 데이 푸피Opera dei pupi라고 명명하는 전통 인형극은 19세기 초 번영을 구가하던 시칠리아에서 시작되어 노동자들 사이에서 인기를 끌었다. 극의 소재는 주로 중세 기사문학, 낭만적인 연인의 이야기, 모험, 이탈리

[그림 19] 시칠리아 인형극 https://ich.unesco.org/
[그림 20] 지중해 식단 https://www.scripps.org/

아 시문학, 성자의 생애나 악당의 이야기 등 다양한 이야기를 중심으로 쓰여졌다.[6] 인형극에 사용하는 인형들은 말을 타거나 칼을 휘두르는 모습 등이 정교하게 표현되며 왕, 귀족, 평민 등 인물상과 함께 정령이나 신과 같은 초자연적 존재나 동물로 나타난다. 1950년대 텔레비전의 등장과 함께 인기가 줄어들었으나 공연 시간을 줄이고 퍼포먼스를 좀 더 역동적으로 구사하는 기술을 개발하면서 시칠리아의 대표적인 관광 상품으로 위상을 지키고 있다.[7]

2) 지중해식 식단

이탈리아 외에 지중해 연안 국가인 사이프러스, 스페인, 크로아티아, 그리스, 모로코, 포르투갈이 공유하는 지중해식 식단은 2013년 유네스코 무형문화유산으로 공동 등재되었다. 지중해식 식단에는 단순히 음식의 종류나 조리법

6 한국유네스코 웹사이트, www.heritage.unesco.or.kr
7 Francis, M., "Opera dei Pupi-Teacher's Resource Guide-shadows, Strings and Other Things-," 2019.

뿐만 아니라 작물, 수확, 낚시, 축산, 보존, 가공, 요리, 음식 공유 및 소비, 음식 지식, 상징 및 전통도 포함된다. 특히 음식을 함께 나누어 먹는 행위는 지중해 연안국 전체의 문화정체성을 의미하며 지역 공동체의 결속과 관련해 인간 생활의 기본단위와 다름없다. 또한 식사를 함께하는 것은 사회적 교류와 의사소통, 가족, 그룹 또는 공동체가 공유하는 문화정체성을 확인하는 것이다. 지중해 식단은 환대, 이웃, 문화 간 대화 및 창의성의 가치와 다양성 존중에 기반을 둔 삶의 방식을 강조한다.

지중해 식단은 문화공간, 축제 및 축하 행사에서 중요한 역할을 하며, 모든 연령의 다양한 사회 계층을 모으는 기제이다. 여기에는 세라믹 접시를 포함하여 식품의 운송, 보존 및 소비를 위한 전통적인 장인 정신 및 생산기술이 필수적으로 요구된다. 전통사회에서 여성은 지중해 식단에 대한 지식을 전달하는 데 중요한 역할을 해왔다. 그들은 기술을 보호하고 계절의 변화와 축제 행사에 적극적으로 대응하며 그 가치를 새로운 세대에게 전승하였다. 시장은 또한 일상의 교류, 합의 및 상호 존중의 관행에서 지중해 식단을 공유하고 전파하기 위한 공간으로서 중요한 역할을 한다.[8] 전형적인 지중해식 식단은 채소와 과일, 견과류, 저지방 유제품, 생선 등으로 구성되고 동물성 지방 대신 올리브유를 사용하고 포도주를 곁들인다. 심(뇌)혈관질환을 예방하는 건강식으로 각광받고 있다. US뉴스&월드 리포트는 2020년 지중해 식단을 최고의 식사법으로 선정하기도 했다.[9]

8 유네스코 무형문화유산 웹사이트, https://ich.unesco.org/en/RL/mediterranean-diet-00884, 검색일자: 2020년 7월 29일.

9 이 기사는 또한 지중해식이 가장 건강하며, 만들기 쉬운 채식 위주의 당뇨식으로 최고의 식사라고 극찬했다. https://www.scripps.org/news_items/6276-doctors-weigh-in-on-best-diets, 검색일자: 2020년 8월 14일.

4. 지역문화 정책

이탈리아는 1983년 10월 12일 수상령에 의하여 국가-지역 정부 간 정기협의회 제도를 운영하기로 결정하였다. 이 협의회의 권한은 1997년 시행령에서 규정하였는데, "국가의 공공기관으로서 국가와 지역 정부 간 협의회는 지역 정부의 권한에 관한 집행권을 보장하는 데 그 목적이 있다"는 것을 골자로 하고 있다. 다시 말해, 국가, 대도시, 지방 정부 간 협의회를 통해 상호 협력을 원활하게 지원하는 것과 동시에 독립적인 지방 자치를 보장하고 있다.[10] 이탈리아는 지역별 문화정체성이 명징하며 지방 자치 제도 역시 뿌리를 내렸으나 문화재 보호와 관련해서는 지방 정부에 일임하기보다는 국가적 차원에서 다양한 노력을 기울이고 있다. 지금은 전문적으로 양성한 우수한 인력이 곳곳에 배치되어 문화재 보존과 복원을 담당하고 있으나 이탈리아도 처음부터 선진적이고 완벽한 관리 체계를 시행한 것은 아니었다. 문화재 보호를 선도할 수 있는 원동력은 전통과 현대의 조화, 균형을 추구하는 문화적 특징이 중요한 역할을 한다. 이탈리아 정부는 문화유산 보호를 헌법 9조에 의무화하고 있다. 이를 토대로, 1939년에 문화재보존관리법을 제정하고 1974년 이를 관장하는 정부 기관을 설치했다. 또한 유네스코와 문화재 보존 및 복원을 위한 다양한 측면에서 협력하고 있다. 문화재 관리를 총괄하는 부처인 문화유산관광부를 설치하여 이탈리아 전역의 문화유산을 관리한다.

이탈리아의 오랜 역사와 상반되게 문화유산 보호를 위한 정부의 조직 체계

10 육동일, 「한국과 외국의 지방분권추진정책 비교연구」, 『현대사회와 행정』, 제18권 제1호, 2008, p.134.

는 1970년대 들어서 형태를 갖추기 시작한다. 1974년 문화유산 관리를 위해 신설한 문화환경부는 몇 번에 걸친 조직 개편 후에 2019년 현재는 문화유산관광부로 바뀌었다. 이 부처의 주 업무는 이탈리아의 유무형 문화유산을 보호하고 그 가치를 제고하는 것이다. 아울러 훼손 가능성이 높은 유산의 보호 및 관리도 담당하고 있다.[11] 문화유산의 나라답게 이탈리아인들의 문화 예술에 대해 높은 관심과 자부심을 갖고 있다. 2016년 정부는 청년들을 지원하고, 문화 예술에 대한 관심과 소비를 높이고 젊은 층에 적합한 문화 예술 활동의 기회를 제공하자는 취지에서 '보너스 쿨트라Bonus Cultura(보너스 문화)'라는 이름의 문화바우처 제도를 도입하였다. 이 제도는 기존의 문화 정책이 전 국민을 대상으로 했던 것과 달리 '18세 청년'이라는 특정 연령을 대상으로 했다는 점에서 차별화된다.[12] 특히 외국인도 포함함으로써 문화복지의 사각지대를 줄이고 문화민주화에 한 걸음 더 나아간 제도로 평가받는다.

11 황정은, 「문화유산 보존을 위한 이탈리아의 노력」, 『월간 공공정책』, 170호, 2019, pp.70~71.
12 손동기, 「프랑스와 이탈리아의 청년들을 위한 공공문화서비스」, 『월간 공공정책』, 175호, 2020, pp.66~68.

제III부

북중미

1. 미국의 문화자원
2. 멕시코의 문화자원

제1장

미국의 문화자원

미국은 신대륙 발견 이전 그 땅에 정착해 온 원주민과 더불어 16세기 이후 유럽을 비롯해 아프리카, 아시아, 중남미 등 세계 각지에서 온 이민자들이 모인 다인종, 다민족, 다문화 사회이다. 시대마다 이민에 대한 호불호의 차이는 있었지만 현재도 인구센서스에 따르면 트럼프 대통령 취임 이후 이민자와 난민 유입을 막기 위해 국경을 폐쇄하려는 움직임에도 불구하고 33초마다 새로운 이민자가 미국에 들어오는 것으로 조사됐다. 이러한 관점에서 미국은 이민을 기반으로 문화 다양성을 제고하고, 한편으로는 다양한 문화집단의 고유한 정체성을 보존하는, 즉 각각의 재료들이 본연의 맛(문화)을 잃지 않고 조화를 이루는 모습을 빗댄 샐러드 볼salad bowl로 일컬어지기도 한다.[1]

건국 초기 세계 각국의 문화가 미국 문화에 영향을 준 것처럼 오늘날 미국 문화는 세계에 막강한 영향을 미치고 있다. 서양 문화는 이제 미국 문화를 의미한다고 해도 과언이 아닐 정도이다. 비교적 짧은 역사에도 불구하고 세계를 선도하는 문화대국의 면모는 할리우드영화, 팝 음악, 출판, 미디어, 방송 등 다

1 외교부 북미1과, 「미국 개황」, 외교부, 2014, p. 128.

양한 플랫폼을 통해 발휘되고 있다. 미국은 북동부, 중서부, 남동부 및 서부 지역에 모두 고유한 전통과 관습이 있다. 이번 절에서는 우리나라와 정치적, 군사적, 문화적으로 밀접한 관계를 맺고 있는 미국의 문화자원에 대해 알아보고자 한다.[2]

1. 일반 현황

미합중국(미국)은 50개 주(48개는 본토에 있는 주, 알래스카와 하와이는 가장 늦게 연방에 합류한 2개 주)와 하나의 특별구(수도인 워싱턴 D.C.)로 구성된 연방이다. 미국 영토의 대부분은 서반구의 북미 중남부에 위치하고 있다. 미국의 동부는 대서양과, 서부는 태평양에 접해 있다. 미국 본토는 북쪽으로 캐나다, 남쪽으로 멕시코와 국경을 접하고 있다. 미국은 2차대전 이후 군사적, 경제적, 정치적으로 가장 큰 영향력을 미치고 있는 세계 최강대국이다. 미국의 총 국내생산량은 세계 총량의 4분의 1에 달하고 군사 예산은 나머지 세계 방위 지출의 총합에 맞먹는다고 알려져 있다. 미국은 또한 엔터테인먼트 산업의 최강국이다. 미국의 TV, 할리우드영화, 재즈, 블루스, 록 및 랩 음악은 전 세계 대중문화계를 이끌어가며 수많은 아티스트들에 영감을 주고 있다.[3]

유럽의 개척자들은 1607년 버지니아주 제임스타운에 미국 내 최초의 식민지를 건설하였다. 이후 1620년 종교의 자유를 찾아 미국에 정착한 영국 청교

2 https://www.livescience.com/28945-american-culture.html, 검색일자: 2020년 8월 5일.

3 영국 BBC방송, https://www.bbc.com/news/world-us-canada-16761057, 검색일자: 2020년 8월 5일.

도들은 지금의 매사추세츠주에 플리머스Plymouth에 식민지를 건설했다. 1733년 이래로 지금의 뉴잉글랜드라 부르는 동부 지역에 13개의 식민지가 형성되었다. 1776년 7월 4일, 독립을 선언할 때까지 뉴잉글랜드 지역은 건국 초기 미국의 정치, 문화, 경제적인 측면에서 중추적인 역할을 수행했다. 미국을 나타내는 대표적인 기호는 일명 성조기라 부르는 미국의 국기, 뉴욕의 '자유의 여신상,' 대머리독수리(국가 조류), 링컨 기념관, 백악관, 미국 국회 의사당, 워싱턴 기념비, 자유의 종 등이 있다.

인구의 대부분(80%)은 도시 지역에 살고 있으나 스프로울sprawl 현상[4]이 심하다. 개인주의적인 성향을 결코 감추지 않는 미국인들이지만 911테러와 같은 비극의 시기에는 서로를 지원하기 위해 자원 활동에 참여하거나 기부에 동참하는 등 국가적 위기를 타개하기 위한 결속력은 강한 편이다. 비즈니스 인사이더Business Insider의 조사에 따르면, 미국인들은 세계에서 가장 애국심이 높으며 자국과 자국 문화에 대한 자부심도 가장 강한 것으로 나타났다.[5]

[표 7] 2019년 미국 현황

인구	3억 2천 8백 24만
언어	영어
면적	9,833,634㎢
GDP	22조 3천 2백 10억 달러(세계 1위)
1인당 GDP	67,426달러(세계 7위)
평균 기대 수명	남 76.3세 여 81.4세

세계은행

4 도시가 팽창하면서 시가지가 무질서하게 도심에서 멀리 떨어진 외곽으로 확장하는 것으로, 저밀도 주거 및 상업 개발이 중심이므로 인프라 접근성이 낮다. www.greenbelt.org, 검색일자: 2020년 8월 6일.

5 비즈니스 인사이더지의 2016년 19개국 국민들을 대상으로 자국에 대한 자부심 정도를 조사한 결과, 미국이 1위, 프랑스가 제일 낮은 것으로 나타났다. 조사대상에 우리나라와 중국, 일본은 포함되지 않았다.

미국인이 좋아하는 대중 음식은 사과 파이와 햄버거, 땅콩버터 등을 꼽을 수 있는데, 이 외에도 광대한 영토, 온화한 기후, 다양한 식생으로 인해 농축산물 및 해산물이 풍부하며, 차이나타운, 코리아타운, 이탈리아타운과 같은 이주자 공동체가 잘 발달해 있기 때문에 전 세계의 독특한 요리를 맛볼 수 있다. 프랑스 요리전통은 미시시피, 루이지애나주를 포함한 미국 남부 지역 음식 문화에 영향을 미쳤다. 원주민의 가금류 조리법은 추수감사절 식사의 주메뉴인 칠면조 요리에 응용되었다.

2. 유형문화자원

1) 프랭크 로이드 라이트Frank Lloyd Wright의 건축물

프랭크 로이드 라이트Frank Lloyd Wright(1867~1959)는 주거 방식과 건축에 대한 기존의 관점을 근본적으로 바꾸어 놓은 건축가로 평가된다. 라이트의 창작물은 자연과 완벽하게 일체화하는 특징을 가진다. 도시 계획에 대한 혁신적인 접근 방식, 종종 건물과 함께 제공되는 가구 및 스테인드글라스는 라이트 건축의 백미이다. 그는 일생 동안 1,000개 이상의 건물을 설계했으며 그중 532개가 구현되었다.

1991년 미국 건축가 협회American Institute of Architects는 이미 그를 "역사상 가장 위대한 미국 건축가"로 극찬한 바 있다. 그는 2019년 세계유산위원회가 자신의 작품 중 8곳을 유네스코 세계유산 목록에 추가하면서 더 큰 영예를 얻었다. 이 영예는 유네스코가 이집트의 피라미드, 중국의 만리장성, 페루의 마추

[그림 21] 뉴욕구겐하임미술관 www.franklloydwright.org

[그림 22] 낙수장 https://fallingwater.org/world-heritage-site/

픽추 등과 같은 세계적인 유적지와 같은 고대 건축물과 아울러 미국의 대표적인 현대 건축물의 보편적 가치를 인정한 첫 사례라 하겠다.[6]

세계유산 등재는 프랭크로이드라이트재단, 건축학계, 라이트건축물 보존을 목표로 설립한 국제기구 프랭크로이드라이트건물보존협회Frank Lloyd Wright Building Conservancy 및 정부의 관련 기관이 15년 이상 광범위한 측면에서 노력한 결과이다. 등재된 건축물은 유니티템플Unity Temple, 프레데릭 C. 로비 하우스Frederick C. Robie House, 탈리신Taliesin, 할리호크 하우스Hollyhock House, 낙수장Fallingwater, 허버트 앤 캐서린 제이콥스 하우스Herbert and Katherine Jacobs House, 탈리신 웨스트Taliesin West 및 구겐하임Guggenheim박물관이 포함된다.

이 독특한 건축 유산은 건축가가 미친 심오한 영향력과 함께 국가적 자부심의 큰 원천이 되었다. 라이트의 건물과 그의 디자인에 구현된 자연의 아름다움은 현대 건축의 발전에 크게 이바지하였고 지속적으로 영감을 주고 있다.

라이트재단은 최근 팬데믹으로 인해 비대면 활동을 강화하고 있다. 예를 들면, 매주 목요일 라이트 건축물의 가상 투어와 학생들을 위한 가상 교실을 운영한다. 또한 어린이를 위한 체험학습 프로그램을 개발하여 가정에서 따라할 수 있는 흥미로운 활동을 개발하였다. 여름 가상 캠프를 열어 참가자들이 (가상) 실습, 실험을 통해 구조의 기본과 건축 개념을 배울 기회를 제공한다. 캠프 참가자들은 프로젝트 아이디어를 공유하고 평면도 제작, 가상 건물 앱으로 만든 3D 모델 제작 등을 통해서 자신만의 꿈의 공간을 개발한다. 재단은 홍보, 보

6 건축다이제스트 공식 웹사이트, www.architecturaldigest.com, 검색일자: 2020년 8월 6일.

존, 교육, 연구 등을 포함해 라이트의 디자인 삽화, 건축 지도, 도면 등을 판매하는 등 수익의 창출에도 힘쓰고 있다.[7]

2) 차코 문화

미국 남서부 뉴멕시코주에 위치하고 있는 차코Chaco 유적지는 기원전 9세기 경부터 아나사지 원주민Anasazi이 살아온 터전이었다. 차코 유적지에는 기념비적인 공공 및 기념 건물과 독특한 건축물로 유명하며 이곳에는 차코 문화 국립 역사공원 외에도 아즈텍 국립기념물과 관련 장소 및 5군데의 고고학적 가치가 있는 장소가 있다. 차코 유적지는 9세기 중반에서 13세기 초까지 미국 남서부 지역을 지배했던 차코 문화의 고유한 가치를 인정받아 1987년 유네스코 세계 유산으로 등재되었다.

차코 사회는 약 1020년에서 1110년 사이에 전성기를 누렸다. 이 유적지는 의례, 교역 및 정치 활동을 중심으로 형성되었으며 당시의 번영을 유추할 수 있는 기념비적인 공공 및 의례용 건축물과 다층으로 지어진 독특한 주거 형태가 특징적이다. 차코 유적지는 세심하게 설계된 정교한 도로 체계로 연결되어 있으며, 이 지역의 기후나 환경을 감안할 때 유적지의 건축 형태와 디자인, 재료 및 물질, 위치 및 환경 면에서 고유한 특색이 잘 드러나 있다.

지금의 아파트와 유사한 다층 설계와 튼튼하게 쌓은 벽돌 구조를 특징으로 하는 대형 건조물은 당시 차코 사회가 다양하고 복합적인 체계였다는 것을 보여주는 방증이다. 원주민이 의식을 행하거나 정치적 회합을 가졌던 장소인 키

---

7 프랭크로이드라이트재단 웹사이트, www.franklloydwright.org, 검색일자: 2020년 8월 6일.

바kiva는 그 거대한 규모와 둥근 형태, 지하 구조물로 이루어진 독특한 장소이다. 키바는 원주민의 삶에서 종교의식이 중요한 행위였다는 것을 시사한다.[8]

3. 무형문화자원

1) 텍사스 탐조 관광 및 버드시티 인증

텍사스 조류보호협회Audubon Texas 및 텍사스공원 및 야생부Texas Parks & Wildlife Department는 버드시티 텍사스Bird City Texas 인증 프로그램을 시행하고 있다. 조류, 조류 서식지, 조류 보호 및 버드시티 인증은 지역 사회의 가치(삶의 질과 경제적 가치) 제고에 관심이 있는 텍사스주의 도시는 어디든 신청할 수 있는 프로그램이다. 2020년 2월 현재 배스트롭Bastrop, 달라스Dallas, 휴스턴Houston, 포트 아란사스Port Aransas 등 네 개의 도시가 버드시티로 인증을 받았다. 버드시티 인증 제도는 인간과 공유하는 조류의 서식지를 보호하는 것을 목표로 한다. 인증 획득에 필요한 기준은 서식지 손실 및 조류에 영향을 미치는 유해 요소를 제거하도록 설계되었다.

텍사스주는 조류 친화적인 서식지가 지역의 생태 가치를 높이고 곤충을 통제하며 관광 산업을 활성화할 것으로 기대한다. 새가 사는 곳은 인간도 번성한다. 농촌뿐만 아니라 도심지에 이르기까지 어느 지역이든 새의 서식지를 제공할 수 있으며 버드시티로 선정된 지역은 효과적인 토착 조류 보존을 위한 노력

8 유네스코 공식 웹사이트, https://whc.unesco.org/en/list/353, 검색일자: 2020년 8월 6일.

의 결과로 다양한 사업을 펼칠 수 있게 된다.

탐조 활동은 비교적 손쉬운 야외 활동 중 하나일 것이다. 텍사스주 공원 및 야생부에 따르면, 탐조 관광지를 찾는 사람들의 숫자는 증가하는 추세이며 남녀노소 모든 직업군을 망라하여 누구나 즐길 수 있다. 이들은 한 번도 본 적이 없는 새를 보기 위해 지구 곳곳을 여행하는 열혈 관찰자부터 뒷마당의 먹이통이나 인근 그린벨트에서 인간의 이웃으로 살아가는 새를 보는 것을 즐기는 주말 애호가에 이르기까지 다양하다.

버드시티가 제공하는 정보를 살펴보면 주 전역에서 조류 관찰자에게 공개되는 탐조 활동, 이벤트, 조류 및 보존 현황, 점검 목록 및 문헌 자료, 어린이를 위한 활동 및 심지어 서식지 토지 소유자를 위한 토지 관리 정보에 관해 자세히 설명되어 있다. [표 8]은 탐조 관광객을 위한 활동 목록이다.

[표 8] 텍사스주 주요 탐조 관광

활동	주요 지역 및 행사명
조류 관찰, 들새 관찰, 축제 참가	텍사스 새 축제(Texas Bird Festival) 발콘스 새소리 축제(Balcones Songbird Festival) 버딩 더 보더(Birding the Border) 두루미 축제(Whooping Crane Festival) 미국 새 축제(Birdiest Festival in America) 깃털 페스트(Feather Fest) 리오그란데밸리 새 축제(Rio Grande Valley Birding Festival)
야생 지도 작성 및 시민 과학 활동 참여	모든 탐조 관광지
새집과 새모이통 설치	모든 탐조 관광지

참가자들은 새 관찰 활동을 하는 동안 신선한 공기를 마시고 운동을 하며 방문하는 다양한 지역에 대해 더 많이 배우게 된다. 새들과 환경을 공유하는 야생

화, 나무, 관목, 덩굴, 나비, 곤충 및 기타 동물을 보면서 생태자원의 가치를 이해할 수 있다.[9]

2) 대중문화

미국은 영화, 음악, 게임 및 만화 등 엔터테인먼트 분야에서 세계적인 유행을 이끌고 있다. '프렌즈Friends'와 '왕좌의 게임Game of Thrones'과 같은 텔레비전 시리즈, 어벤저스, 스타워즈를 비롯한 할리우드 대작, 브로드웨이를 중심으로 하는 뮤지컬 공연 등 미국의 풍부한 대중문화의 토양에서 생산되는 킬러 콘텐츠[10]는 세계적인 영향력을 가지고 있다. 일례로, '어벤저스 엔드게임' 한 편으로 거둔 수익은 27억 8천 9백 2십만 달러(3조 3천 127억 원)로, '아바타'를 누르고, 영화 역사상 최초의 기록을 세우기도 했다. 미국의 만화는 배트맨과 스파이더맨과 같은 캐릭터가 영화와 TV 시리즈, 게임, 캐릭터 산업으로 확장된다. 미국의 유명 만화 시리즈는 매출 10억 부를 넘어갈 정도로 세계적인 팬덤을 가지고 있다. "미국은 2019년 중국을 제치고 세계 최대의 게임 시장으로 올라섰다. 미국의 게임 산업은 2019년 3,690억 달러의 경제 효과를 창출한 것으로 조사되었다."[11]

소비와 생산 측면에서 미국은 세계 최대의 음악 시장이다. 디지털 미디어 및 온라인 커뮤니케이션이 발전하면서 해외 아티스트와 음악 업계가 미국 관객을 대상으로 하는 음악, 공연, 비디오 영상물 등의 제공이 크게 증가했다. 미국인

9 텍사스주 공원 및 야생부(Texas Department of Parks & Wildlife) 공식 웹사이트, https://tpwd.texas.gov/huntwild/wild/birding/, 검색일자: 2020년 8월 6일.

10 문화소비, 미디어시장에 강력한 폭발력을 미치는 매력적인 문화콘텐츠를 지칭한다.

11 게임전문통계분석기업, www.newzoo.com/, 검색일자: 2020년 8월 6일.

의 약 50%가 음악 스트리밍 서비스를 이용하고 있으며 디지털 플랫폼 이용률은 음반 시장의 71%를 차지한다. 2019년 미국레코드 산업협회Recording Industry Association of America, RIAA의 보고서에 따르면 미국 음반 사업은 당해년도에 111억 달러(13조 1천 868억 원)의 매출을 올렸다. 이는 전년 대비 98억 달러(11조 6천 424억 원)에서 13% 증가한 수치이다. 이러한 두 자릿수 이상의 성장은 스트리밍 수익의 지속적인 증가의 결과이다. 스트리밍 매출은 88억 달러(10조 4천 544억 원)로 전체의 79.5%에 달한다.[12]

4. 지역문화 정책

미국 예술문화부Department of Arts and Culture(이하 DAC로 표기)는 정부 부처가 아니라 비영리기구이다. 지역개발에 경제나 환경뿐만 아니라 문화에 대한 이해를 바탕으로 정책을 수립하고 있다. DAC는 지역 사회, 단체, 도시 등 주체를 위한 다양한 목표를 다음과 같이 제시한다.

지역 사회를 위한 문화 정책

모든 지역 사회는 문화 정책을 시행하며 공공 및 민간 분야의 구성원은 문화생활을 영위한다. 박물관과 도서관을 건립할 때나 공공 프로그램 및 공공시설을 계획할 때 다양한 목소리를 듣는 것이 중요하다. 왜냐하면 세금, 공공기금,

12 빌보드 웹사이트, https://www.billboard.com/articles/business/8551881/riaa-music-industry-2019-revenue-streaming-vinyl-digital-physical, 검색일자: 2020년 8월 6일.

교육 프로그램 및 기타 법규와 같이 문화 정책을 시행하는 데 기본적인 요소들은 지역 사회에 어떤 식으로든 장기적인 영향을 미치기 때문이다.

미국은 주정부의 권한이 큰 나라이기도 하지만 특이하게 연방 정부 산하에 독립적인 문화부 주무 부처는 설립되어 있지 않다. 대신 주정부 및 정부 산하 수많은 에이전시나 사무국에 문화 예술 관련 업무가 배당되어 있다. 이번 절의 첫 순서로 그중 행정부처로 종종 오인되는 예술문화부(Department of Arts and Culture, 이하 DAC)를 소개하려 한다. 세부적으로 DAC의 기본적인 업무는 예술과 문화에 대한 대중의 관심을 키우고 예술과 문화를 촉진하는 것이다. 이를 위한 주요 방식은 문화 정책 결정을 중요한 공공 관심사로 취급하고, 지역 사회 구성원이 각 지역의 문화적 가치를 고려하고, 선택할 수 있게 하고, 동시에 참여하게 하는 것이다. 본질적으로 DAC가 제시하고 있는 문화 정책은 상세한 것보다는 큰 틀을 짜는 로드맵이다.

문화단체나 시민 예술가가 수행하기를 원하는 프로젝트 중 하나는 자신이 속한 단체, 지역 사회, 또는 나아가서 국가를 위한 문화 정책 개발에 참여하는 것이다. DAC는 이른바 문화 소비자들의 요구를 정확하게 인식하고 있으며 문화 정책을 구체화하기 위해 이들의 목소리를 적극적으로 수용한다. 뿐만 아니라 DAC는 문화가 강력한 경제 원동력이라고 주장하며, 공립 학교를 변화시키는 촉매 역할을 할 수 있고, 미국의 세계 역할에 대한 신뢰를 회복하는 수단이 될 수 있는 것으로 인식한다.

당장 창조적 경제는 일자리와 삶의 질을 창출한다. 교육 예술가는 상상력과 문제 해결 능력을 키운다. 공공 서비스에서 일하는 발명가, 창의력 넘치는 예술가는 감성을 요구하는 현대사회에서 성공하기 위한 필수 인적 자원이다. 예를 들어, 1930년대 뉴딜New Deal기간 동안 WPA(Works Progress Administration, 공공산업진흥국)는 도로나 다리 및 공원을 건설하고 벽화를 그리며, 이동 극장을 만들거나 교육 프로그램을 시행하면서 850만 개 이상의 일자리를 창출한 바 있다. 이런 맥락에서 잘 조직된 문화 정책이 질 높은 일자리를 창출할 수 있다는 사실은 지금도 다르지 않다.[13]

두 번째 문화 예술 기구는 비영리 단체인 '예술을 위한 미국인Americans for the Arts(이하 AA)'이다. 이 단체는 조직과 개인의 네트워크를 제공하고, 발전시키고, 이끌고, 미국의 예술을 장려하고 유지하며 지원한다. 최고의 아이디어와 리더를 연결하며 예술, 지역 사회 및 비즈니스에서 모든 미국인이 변화를 일으키는 문화에 접근할 수 있도록 돕는다. AA는 예술에 관한 보고서 및 데이터를 공개하고 있다. 또한 예술 교육 네트워크, 예술 비즈니스 자원봉사자, 신진 문화인 네트워크, 지역 예술 네트워크, 민간 부문 네트워크, 공공 예술 네트워크 등 예술을 위한 서비스와 웹 제작 및 세미나, 예술 마케팅 정보 등 예술을 위한 다양한 정보와 서비스를 제공한다.[14]

다음은 연방 정부의 국무부 산하 교육문화국Bureau of Educational and Cultural Affairs(이하 ECA)으로, ECA의 공식 웹사이트에는 다음과 같이 소개되어 있다. ECA의 주 업무는 1961년 상호 교육 및 문화 교류법Mutual Educational and Cultural Exchange Act의 제정에 따라 미국과 다른 국가의 학술, 문화, 스포츠 및 예술 교류를 지원하는 것이다.[15] 뿐만 아니라 공공과 민간 분야 간의 파트너십을 수립

13 미국 예술문화부(DAC) 공식 웹사이트, https://usdac.us/cultural-policy, 검색일자: 2020년 8월 5일.
14 Huffman, Kate, "US Arts & Cultural Policy: Understanding & Implications for Arts Administrators," Wartburg College, 2015, p. 14.
15 교육문화국 공식 웹사이트, https://eca.state.gov/about-bureau, 검색일자: 2020년 8월 6일.

하고, 미국의 다양성을 반영하려는 노력의 일환으로, ECA 프로그램, 기금을 비롯해 기타 활동을 지원한다. 특히, 전통적으로 문화자본이 저조한 계층인 소수인종과 장애우 지원을 포함한다.[16]

제2장

멕시코의 문화자원

멕시코는 미국, 과테말라, 벨리즈와 접해 있는 북미 국가이다. 국토는 사막, 높은 산, 고원과 열대 해안선이 공존하며 지리적 다양성이 풍부하다. 멕시코 인구의 절반 이상이 중앙 지역에 살고 있는 데 반해 건조한 북부와 남부의 열대 지역은 인구가 적다. 올멕Olmec, 톨텍Toltec, 테오티와칸Teotihuacan, 자포텍Zapotec, 마야Maya와 아즈텍Aztec을 비롯한 고대 아메리카 문명의 발상지인 멕시코는 16세기 초부터 스페인의 점령하에 통치되다가 1821년 독립하였다. 멕시코의 국명은 아즈텍 문명의 가장 크고 강력한 지부인 멕시카Mexica에서 유래했는데, 이름의 의미는 확실치 않다. 멕시코의 지배 문화는 토착민과 스페인의 관습이 혼합된 메스티조의 문화이다. 그러나 전통문화는 지역마다 크게 다르다. '멕시코' 하면 자연스럽게 떠오르는 것들, 예를 들면, 데킬라tequila, 마리아치 음악mariachi music, 자수를 놓은 솜브레로sombrero 모자와 멕시코의 전통 카우보이를 일컫는 차로charro의 의상은 멕시코 서부 지역의 특산물이다. 각 지역에는 독특한 문화 정체성과 주민들이 자랑하는 요리, 민요 그리고 장인정신이 있다.[1] 이번 절에서는 찬란한 고대 문명의 후예, 멕시코의 문화자원을 개관한다.

1. 일반 현황

바하 캘리포니아Baja California, 치와와Chihuahua, 콜리마Colima, 타바스코Tabasco, 유카탄Yucatán 등 32개 주로 이루어진 연방공화국이다. 유럽, 아프리카, 원주민 문화가 조화를 이루는 문화적 혼종성은 멕시코의 다양성을 더욱 풍부하게 한다. 멕시코의 공식 언어는 스페인어이지만 300개가 넘는 방언이 존재한다. 멕시코는 경이로운 자연환경과 고대 문명 유적지를 보유하고 있어 중남미 국가 중 세계유산(27곳)이 가장 많이 지정된 국가이다. 멕시코는 또한 지역마다 독특한 스타일을 가진 민속 예술이 있다. 예를 들면, 푸에블라에서는 흰색, 파란색 및 금색을 화려하게 대칭적으로 디자인한 탈라베라Talavera[2] 타일을 볼 수 있으며, 오악사카Oaxaca는 검은색 점토로 만든 독특한 공예품을 생산한다. 사카테카스Zacatecas[3]와 나야리트Nayarit[4]에서는 우이촐Huichol족[5]이 화려한 구슬로 장식한 조각상과 가면을 제작한다.

멕시코에서 가장 상징적인 예술 운동 중 하나는 1920년대와 30년대 멕시코

1 문화아틀라스(Cultural Atlas), https://culturalatlas.sbs.com.au/mexican-culture/mexican-culture-core-concepts, 검색일자: 2020년 8월 7일.

2 스페인의 탈라베라(Talavera de la Reina)에서 유래한 전통 세라믹 제작 기법.

3 멕시코 중북부의 주로 해발 2,500m의 산악 지대에 자리하고 있다.

4 멕시코 중서부 태평양에 접해 있는 주.

5 멕시코 원주민부족으로 서부 산악 지대에 집거하고 있다.

벽화 운동이다. 혁명 이후 진보적인 예술가 그룹이 등장해 새로운 국가정체성을 구축하기 위해 멕시코의 역사와 문화의 단면을 소재로 삼고, 멕시코인의 자부심을 고취하는 대형 벽화들을 그리기 시작했다. 리베라Diego Rivera, 오로스코Jose Clemente Orozco, 시케이로스David Alfaro Siqueiros와 타마요Rufino Tamayo를 비롯한 예술가들은 콜럼버스 이전과 모더니스트 미술 스타일을 융합하여 새로운 멕시코의 얼굴을 만들었다. 그들의 작품은 모두가 즐길 수 있도록 전국의 공공건물 벽에 전시되어 있다.[6]

멕시코는 1992년 미국, 캐나다와 맺은 자유무역협정North America Free Trade Agreement(이하 NAFTA)을 체결한 후 미국 시장에 더욱 쉽게 접근할 수 있게 되었다. 그러나 비용 절감, 고용 창출, 임금 상승 등 기대했던 긍정적인 결과보다는 실업률 증가와 고용 불안으로 이어졌다. 멕시코 농민들은 미국의 거대 곡물 회사에 시장을 내주어야 했고 주요 은행들은 외국 회사에 매각되거나 합병되었다. 자국 경제를 스스로 지탱할 수 없어 국내 자본은 더욱 취약해졌다. NAFTA를 통해 미국과 멕시코의 소득 격차는 10.6%나 벌어진 것으로 조사됐다.[7]

멕시코는 미국의 두 번째로 큰 수출 시장이자 세 번째로 큰 수입원이다. 2017년 상품 및 서비스 부문의 교역은 6,230억 달러를 초과했다. 멕시코는 2018년 현재 46개국과 자유 무역 협정을 맺고 있으며 무역의 90% 이상을 자유무역협정하에 두고 있다.[8]

2008년 글로벌 금융 위기로 인해 멕시코는 막대한 경제 침체를 겪었다. 지속

6 망자의 날축제 공식 웹사이트, https://dayofthedead.holiday/, 검색일자: 2020년 8월 8일.
7 변정필, 「북미자유무역협정 10년, 진정한 승자는 누가 될 것인가?」, 『세계화와 민중』, 제32호, 2005.
8 미국 중앙정보국(Central Intelligence Agency), https://www.cia.gov/library/publications/the-world-factbook/geos/mx.html, 검색일자: 2020년 8월 6일.

적인 경기 침체는 낮은 실질 임금, 높은 실업률, 소득 격차, 치안 불안, 정치적 혼란을 야기한다. 특히 마약 카르텔과의 전쟁은 멕시코를 위협하는데, 2007년 이후 강력한 힘을 키운 마약 밀매 조직은 피비린내 나는 분쟁에 가담하면서 공권력에 대항해 무차별적인 살상을 저지르고 있다. 미 의회 연구 서비스의 보고서에 따르면, 2019년 멕시코는 34,500건 이상의 살인 사건이 보고되어 최악의 기록을 세웠다. 2020년 현재 트럼프 행정부는 멕시코 마약 카르텔을 테러 조직으로 지정할지 여부를 검토하고 있는 것으로 알려졌다.[9]

[표 9] 2019년 멕시코 현황

인구	1억 2천 8백 6십 5만(세계 10위)
언어	스페인어
면적	1,972,550㎢
GDP	1조 3천 2백 2십억 달러
1인당 GDP	10,405달러
평균 기대 수명	남 72.1세 여 77.8세

9 Beittel, June S., "Mexico: Organized Crime and Drug Trafficking Organizations," Congressional Research Service, 2020년 7월 28일.

2. 유형문화자원

멕시코시티 남부의 코요아칸Coyoacán 자치구에 위치한 멕시코국립대학교 Universidad Nacional Autónoma de México(이하 UNAM)[10]의 센트럴시티캠퍼스는 20세기 모더니즘의 대표적인 건축 모델이다. 2007년 유네스코 세계유산으로 등재되었다. 이 대학교의 건물은 건축가 마리오 파니Mario Pani와 엔리케 델모랄 Enrique del Moral이 제안한 마스터플랜에 따라 60명 이상의 건축가가 협업하여 만들어졌다. 캠퍼스는 1949년부터 건립에 들어가 50년대 순차적으로 완공되었다. 멕시코 시티 남부에 위치한 이 캠퍼스는 기원전 600년 전 화산 분출로 생성된 730여 헥타르(7.3km²)의 넓은 부지에 자리 잡고 있다. 멕시코에서 가장 오랜 역사와 사회적 위상을 갖춘 명문 대학교이며 검은 바위, 이국적인 식물, 아름다운 건축물과 풍경은 이곳이 왜 세계유산으로 등재되었는지 깨닫게 해준다.

[그림 23] 멕시코국립대학교 http://english.unam.mx/

대학의 건물, 올림픽 경기장, 문화 센터, 중앙 도서관 및 여러 박물관과 같은 스포츠 시설이 세계

10 UNAM은 1910년 9월 22일 Justo Sierra가 설립하였고 1929년에 정부로부터 자율권을 획득했다. 이로써 대학은 정부의 간섭없이 자체적으로 커리큘럼을 정하고 자체 예산을 관리 할 수 있게 되었다. 이것은 대학의 학문적 위상에 지대한 영향을 미쳤으며, 학업의 자유와 독립성을 보장하는 계기가 되었다.

유산에 포함된다. 광대한 열린 공간, 산책로 및 이국적인 정원 등이 캠퍼스를 둘러싸고 있다. 건축에서 철근 콘크리트와 같은 모더니즘적 요소는 지역의 화산석과 묘한 조화를 이룬다. 메인 캠퍼스 벽화의 조성에는 디에고 리베라Diego Rivera, 데이비드 알파로 시케이로스David Alfaro Siqueiros, 아르만도 살라스 포루투갈Armando Salas Portugal과 같은 멕시코의 저명한 예술가들이 참여하였다.[11]

또한 건축가 호세 오로스코Jose Orozco, 루이스 바라간Luis Barragán 등은 캠퍼스의 마스터플랜을 구현하는 데 기여하였다. 1952년 렉토리타워Rectory Tower, 중앙 도서관, 인문과학 대학 건물, 보도, 계단과 중앙 대광장 등은 건축 및 엔지니어링 측면에서 중요한 상징성이 있다. 건물과 함께 스포츠 공간 역시 캠퍼스의 핵심 부분이다. 핸드볼 코트와 대학 스타디움은 알베르토 T. 아라이Alberto T. Arai가 설계하였다. 경기장은 인근에 있는 시에라 데라스 칼데라스Sierra de Las Calderas 언덕을 모방하여 조성하였고, 화산암으로 만들어진 벽을 배치하였다. 경기장 구조물의 높이는 경사면을 만들어 냄으로써 주위 건물과 조화를 이루도록 했다.[12]

바하 캘리포니아Baja California주의 중앙부 태평양 연안에 위치한 엘 비즈카이노El Vizcaino 생물권 보전 지역에는 매우 흥미로운 생태계가 있다. 오호 드 리에브르Ojo de Liebre와 산이그나시오San Ignacio의 해안 석호는 쇠고래, 물개, 바다사자, 코끼리 물개 및 푸른 고래의 주요 번식 및 겨울철 서식 장소이다. 석호에

11 세계유산사이트, https://www.worldheritagesite.org/list/Central+University+City+Campus+of+the+UNAM, 검색일자: 2020년 8월 10일.

12 Esther, Celia, Zambrano Appredondo, "Place or Myth, University City Campus of Unam in Mexico City," in 16th ICOMOS General Assembly and International Symposium: 'Finding the spirit of place - between the tangible and the intangible, 2008, pp. 1~2.

[그림 24] 엘 비즈카이노 생물권 보전 지역 https://en.unesco.org/biosphere/lac/vizcaino

는 멸종 위기에 처한 바다거북 4종이 서식하고 있다.

엘 비즈카이노El Vizcaino의 생물권 보전 지역은 과도한 상업적 포경으로 인해 멸종 위기에 처한 다양한 종의 고래와 해양 생물을 보호하고 복원한다. 1988년 멕시코 정부는 이 지역을 국립 생물권 보전 지역National Biosphere Reserve으로 지정하였고 1993년 유네스코의 자연유산으로 등재되었다.

바다와 이어진 오호 데 리에브르Ojo de liebre와 산 이그나시오San Ignacio 석호는 바다의 깊이, 온도, 영양분 및 염분을 비롯해 많은 환경 요인이 해양 생물의 이상적인 짝짓기나 번식에 필요한 최적의 상태를 제공한다. 전 세계 쇠고래의 절반가량이 이곳에서 태어난다고 한다. 석호에는 늪지에서 자라는 열대 나무인 맹그로브숲이 조성되어 있다. 얕고 잘 보존된 석호는 다양한 생물에 자양분을 공급하며 아름다운 바다 경관을 자랑한다. 주변 습지대는 수십만 마리의 철새들이 찾는 곳이기도 하다. 건조한 육지 쪽에는 놀랍도록 다양한 동식물과 토

착종의 서식지인 소노라 사막Sonoran Desert이 있다.[13]

적어도 생물권 보전 지역에서 인간의 영향은 상대적으로 제한적이기는 하지만 인간 활동으로 인한 자연환경 훼손은 곳곳에서 나타나고 있다. 포경 행위는 완전히 중단되었지만, 인근 바다에서 행해지는 과도한 어업 활동, 광범위한 염전 및 통제되지 않은 관광 개발의 우려는 지속되고 있는 실정이다.[14]

3. 무형문화자원

우리나라에서 멕시코 요리는 다른 서양 음식에 비해 비교적 대중화되지 못했지만 유네스코는 2010년 프랑스, 지중해 요리와 함께 멕시코 요리를 무형문화유산으로 지정함으로써 멕시코 요리 전통의 우수성을 공인하였다. 멕시코인들은 음식을 인생의 중요한 순간마다 함께하는 일종의 의식으로 여긴다. 멕시코는 인간이 옥수수에서 비롯됐다고 믿는 고대 부족도 존재했고 결혼을 앞둔 신부에게 다산을 의미하는 빵을 선물하기도 하며, 풀케pulque라는 술을 제사에 사용하고 사자의 날 축제에는 빵을 굽고 해골 형상의 사탕을 만들어 망자를 추도하는 풍습이 여전히 남아 있다. 멕시코 음식은 인간과 신을 연결하는 가교의 역할을 하는 중요한 매개물이며,[15] 농업, 의식ritual, 전승되는 조리법, 공동체 풍습 및 테이블 매너를 포함하는 포괄적인 문화 양식이다. 사람들은 농작

13 "Whale Sanctuary of El Vizcaino," IUCN Conservation Outlook Assessment, 2014, pp. 2~4.

14 https://whc.unesco.org/en/list/554/

15 구선숙, 「아는만큼 맛있다! 프랑스, 멕시코, 지중해의 음식문화-세계무형문화유산에 오르다」, 『행복이 가득한집』, 디자인하우스, 2011년 1월호.

물 수확에서 요리와 식사에 이르기까지 총체적 식문화에 기꺼이 참여한다. 멕시코 요리에 가장 많이 쓰이는 작물은 옥수수, 콩, 칠리 고추지만 다양한 종류의 토마토, 스쿼시, 아보카도, 코코아, 바닐라와 같은 신선한 천연 재료가 들어간다. 옥수수와 다른 작물을 번갈아 재배하는 윤작식 농법인 밀파milpa, 호수의 바닥을 퍼 올려 그 흙으로 밭을 만들고 작물을 재배하는 전통 농법인 치남파chinampa나 닉스타말화nixtamalization처럼 곡물의 껍질을 벗겨 영양가를 배가하는 방식, 전통식 맷돌과 같은 조리기구 등도 멕시코의 식문화와 밀접한 관련이 있다.

미초아칸Michoacán주는 세계 최대의 아보카도 생산지이자 멕시코인이 소울푸드로 꼽는 모렐리아식 엔칠라다Morelian enchilada,[16] 우체포uchepo,[17] 아포레아디요aporreadillo[18]와 같은 전통 요리로 유명한데, 음식에 대한 지식과 조리법을 전승하기 위해 관련 인력을 체계적으로 양성하고 있다. 미초아칸에서는 전통 요리뿐만 아니라 새로운 식재료와 조리법을 과감하게 적용한 퓨전 음식을 맛볼 수 있다.[19] 3월부터 꽃차, 커피, 술, 아보카도, 마카데미아, 옥수수, 건어물 등을 주제로 하는 다양한 축제들이 열린다. 이처럼 미초아칸은 지역정체성을 음식을 통해 표현하고, 사회적 유대를 강화하며, 더 나아가 국가정체성을 구축하기 위한 노력을 지속하고 있다.[20]

멕시코는 '망자의 날Day of the dead('죽은 자의 날'이라고도 부른다.)'이라고 부르

16 매운 고추의 일종인 과히요(guajillo)소스에 적신 또띠야(tortilla)에 감자, 당근, 치킨을 싸서 먹는 요리.
17 달콤한 옥수수로 만든 타말레(tamale). 주로 사워크림이나 살사소스를 곁들여 디저트로 먹는다.
18 콘비프와 계란 요리. 주로 살사 소스를 곁들여 먹는다.
19 비지트멕시코, https://www.visitmexico.com/en/States/michoacan/, 검색일자: 2020년 8월 7일.
20 유네스코 무형문화유산 공식 웹사이트, https://ich.unesco.org/en/RL/traditional-mexican-cuisine-ancestral-ongoing-community-culture-the-michoacan-paradigm-00400, 검색일자: 2020년 8월 7일.

[그림 25] 망자의 날 거리퍼레이드 https://dayofthedead.holiday
[그림 26] 설탕으로 만든 해골장식 https://dayofthedead.holiday

는 고인을 추도하고 생전의 모습을 기억하기 위한 기념일이 있다. 망자의 날은 서양의 할로윈과 같은 날인 10월 31일부터 연 2박 3일간 열리는 축제로 스페인 정복 이전 원주민들이 아즈텍 축제에서 죽음의 여신 믹테카시우아틀 Mictecacihuatl에게 헌정한 데에서 유래했다. 마치 우리나라 사람들이 고인을 추도하고 조상에게 차례나 제사를 올리는 추석이나 한식 또는 기일과 유사한 명절이다. 멕시코인들은 죽음을 긍정적으로 받아들이며 망자는 1년에 한 번 이날 가족과 친지를 만나러 세상에 내려온다고 믿는다. 망자의 날에는 죽은 사람들이 다시 이승을 방문할 수 있도록 현실 세계와 영의 세계 사이에 통로가 열리는 날로 여긴다. 이 기간 동안 멕시코 전역에서 축제가 열리며 전통 행사는 다채롭고 시끌벅적하다. 제단은 정성껏 차린 음식과 꽃으로 풍성하게 꾸며지고, 축하 행사에는 밝은 분위기의 음악과 화려한 장식, 흥겨운 춤, 촛불과 노래가 있다. 달콤한 초콜릿이나 설탕으로 만든 해골 모양 조형물이 제단에 올라간다. 참가자들은 해골가면을 쓰거나 해골 의상을 걸치고 퍼레이드에 참여하기도 한다.

11월 1일은 죽은 아이를 위한 날, 2일은 죽은 어른들을 위해 추도하는 날이다. 망자의 가족은 망자의 날 몇 주 전부터 제단을 만들고, 묘지를 장식하거나 망자가 생전에 좋아했던 음식을 장만하면서 이날을 준비한다.

망자의 날은 멕시코 외에도 콜롬비아, 페루 및 베네수엘라와 같은 다른 많은 라틴 국가들이 기념하고 있지만 망자를 추도하는 형식이나 전통은 다양하다. 유럽 일부 지역에서도 죽은 자를 기리는 영혼의 날All Souls Day이라는 명절을 찾아볼 수 있으나 멕시코의 망자의 날 축제가 가장 규모가 크고 화려한 것으로 알려져 있다.[21]

4. 지역문화 정책

멕시코는 지금까지 문화 정책은 대통령이나 장관의 의도와 재량에 따라 정책적 기조가 달라졌고, 그 결과, 문화 부문에 대한 장기적인 프로젝트는 많지 않은 편이다. 그러나 멕시코는 유네스코 선언문 채택이나 토론 세션 등에 적극적으로 참가하면서 다른 나라와의 네트워크 구축을 중시하고 있다. 문화 정책 전반은 연방 정부 산하 행정 부처인 공교육부Ministry of Public Education를 통해 집중적으로 관리 감독을 하고 있어 문화 정책은 중앙집중적이라 할 수 있다. 따라서 시민사회가 공공 문화 정책의 설계 및 모니터링에 적극적으로 참여할 수 있는 메커니즘은 다소 부족하다. 20세기 후반 멕시코의 문화 정책은 주로 역사

21 망자의 날 축제 공식 웹사이트, https://dayofthedead.holiday/, 검색일자: 2020년 8월 7일.

및 문화유산의 홍보, 보급이라는 두 가지 목표에 초점을 맞추었다. 담당 업무는 국립미술 연구소National Fine Arts Institute와 국립인류학 및 역사연구소National Institute of Anthropology and History에서 맡고 있다.

이 두 기관은 문화 조직들을 현대화하고 감독하기 위한 목적으로 1989년 설립한 문화예술국립위원회National Council for Culture and the Arts(이하 Conaculta)에 속해 있다. 다른 문화기관들은 공교육부가 직접 관리하고 있다. 설립 당시 Conaculta는 다음과 같은 목표를 설정했다. 첫째, 국가정체성 강화, 둘째, 자유로운 문화 예술 활동 보장, 셋째는 더 많은 멕시코 국민이 문화 상품과 문화 서비스에 접근 가능할 수 있도록 지원하는 것을 포함한다. 따라서 멕시코의 문화 정책은 이와 같은 지침을 고수하며 한편으로 Conaculta를 통해 문화 다원주의, 창조의 자유, 사회 참여, 예술적 창조의 자극, 문화 지원의 분권화를 구현하려고 시도하고 있지만 이러한 목표를 여전히 달성하기 위해서는 더 많은 예산과 전문적인 인적 자원의 투입이 필수적이다.

뿐만 아니라 미국, 캐나다와 체결한 NAFTA는 멕시코의 문화적 종속을 가속화했다. 멕시코 영상 산업의 사례를 보자. 멕시코 정부는 영화가 자국의 문화정체성을 보호하고 예술 형식으로서 중요한 분야라는 점을 인식하고 있다. 이에 따라 Conaculta는 멕시코영화연구소Mexican Film Institute 이하 Imcine를 통해 영화 제작 프로젝트를 홍보하고 자금을 조달한다. Imcine의 2010년 예산은 약 3,300만 달러, 2011년 3,100만 달러, 2014년은 2,800만 달러로 점차 감소하는 추세를 보이고 있다. 멕시코 영화시장의 85%를 장악하고 있는 미국 거대 자본과 킬러 콘텐츠를 앞세운 할리우드 유통 산업의 공략에 맞서기 위한 정부 예산은 부족한 형편이며 운용 역시 제한적일 수밖에 없다. 그럼에도 불구하고 자국 영상 산업의 보호를 위해 Imcine는 장기적으로 멕시코 영화의 판촉 및 보급을 확대할 계획을 세우고 국가의 영상 제작 체계를 통합하고 시청각 분야의 지원을 늘리는 정책으로 방향을 잡았다.[22] 이러한 노력은 조금씩 성과를 내고 있는데, 2018년 영상 제작물 중 53%가 국가의 지원을 받았으며 당해 상영된 영화 499편 중 115편이 멕시코 영화인 것으로 나타났다. 이 수치는 전년 대비 23%가 늘어난 것이다.[23]

멕시코 정부는 각 지역의 문화 다양성을 보존하기 위해 지방의 문화 개발 프로젝트를 지원한다. 대표적으로 '지역문화 개발 프로그램Regional Municipal Cultural Development Programs'과 '원주민 및 지역 사회 문화 통합 개발 프로그램Program for the Integral Development of the Cultures of Indigenous Peoples and Communities(이하 PRODICI)'이 시행되는데, 지역문화 개발 프로그램은 지역문화의 발전을 위해 정부와 지역 사회가 공동으로 3단계 목표를 세우고 지역문화의 진흥과 보급에 시민들이 조직적으로 참여할 수 있는 다양한 기회를 제공하는 등의 내용을 골자로 한다. 덧붙여, 라 우아스테카La Huasteca, 엘 잇츠모El Itsmo, 마얀Mayan 지역, 소타벤토Sotavento, 티에라 칼리엔테Tierra Caliente 및 요레메Yoreme 지역의 문화 예술 발전을 촉진하고 정부 문화 관련 기관과 지역 예술가, 연구자, 문화 조직 단체의 적극적이고 조직적인 참여를 통해 지역 주민의 정체성을 보존하는 것을 목표로 한다. PRODICI는 창의성을 제고하는 사회적, 제도적 활동을 지원함으로써 원주민과 지역 공동체의 문화 예술 발전에 기여하

22 Garcia, Rodrigo G., "Cultural Industries and Cultural Policy in Mexico and Canada after 20 years of NAFTA," Norteamerica, Vol. 9 No. 2, 2014, pp. 183~185.

23 Kay, Jeremy, "Fears grow over Mexican film funding crisis," Screendaily, 2020년 5월 20일자.

는 것을 목표로 하는 프로그램이다. 이 프로그램은 주로 캄페체Campeche, 치아파스Chiapas, 치와와Chihuahua, 과나후아토Guanajuato, 게레로Guerrero, 히달고Hidalgo, 미초아칸Michoacán, 모렐로스Morelos, 나야리트Nayarit, 오악사카Oaxaca, 케레타로Querétaro, 킨타나루Quintana Roo, 산루이스포토시San Luis Potosí, 소노라Sonora, 타바스코Tabasco, 베라크루즈Veracruz 및 유카탄Yucatán 지역의 원주민을 대상으로 운영된다.[24]

24 Martínez y Hernández, José L., "Mexico 2016 Report," UNESCO Diversity of Cultural Expressions, https://en.unesco.org/creativity/monitoring-reporting/periodic-reports/available-reports-37, 검색일자: 2020년 8월 10일.

제IV부

아프리카 및 오세아니아

1. 모로코의 문화자원
2. 호주의 문화자원

제1장

모로코의 문화자원

아프리카 북부에 위치하고 있는 모로코의 공식 명칭은 모로코 왕국Kingdom of Morocco이다. 수도는 라바트Rabat이지만 험프리 보가트와 잉그리드 버그만이 출연한 할리우드 영화 제목으로도 많이 알려진 카사블랑카Casablanca가 경제 수도로서 이 나라에서 가장 번화한 도시이다. 종교, 문화수도의 위상은 모로코 북부의 고도古都인 페스Fes가 유지하고 있다. 페스는 중세 시대의 건축물과 정취를 잘 보존하고 있는 것을 공인받아 1981년 구도심 전체가 세계문화유산으로 지정되었다. 모로코는 아랍어와 베르베르어Berber를 공용어로 사용하지만 과거 프랑스의 식민지로서 지금도 프랑스와 밀접한 관계를 맺고 있기에 프랑스어에도 능통한 사람이 많다. 유럽과 아프리카의 관문 역할을 해온 나라로 대서양과 지중해와 접해 있어 아열대성 기후의 영향을 받으며, 각종 해산물이 풍부하고 아름다운 해변으로 이름나 있다. 휴양지가 많아 일 년 내내 많은 관광객이 찾는다. 당연히 관광 산업의 비중이 높은 나라다.

국민 99%가 이슬람교를 믿으며, 이 중 3분 2는 말리키 율법을 따르는 수니파이다. 그러나 이슬람권에서는 처음으로 여성 국회의원이 나온 것을 계기로 성차별적 악습을 타파하려는 시도를 하고 있다. 그만큼 이슬람 국가 중에서는 다소 진보적인 편이라 하겠다. 모로코는 아프리카 역내에서 정치, 경제적으로 상당히 안정적인 국가로 꼽히며 인프라도 잘 갖춰져 있다. 이번 절에서는 미항과 미식의 나라 모로코의 문화자원을 개관하여 보자.

1. 일반 현황

북아프리카에서 가장 다양한 지리적 환경을 갖추고 있는 모로코는 국토의 북동 방향으로 지중해, 남서 방향으로 대서양과 접해 있으며, 남쪽으로는 사하라 사막이 경계를 이루고 있다. 리프Rif산맥이 국토 북부의 지중해 해안을 따라 펼쳐져 있으며, 아틀라스Atlas산맥은 국토의 북동쪽에서 서남쪽으로 뻗어있다. 모로코의 기후는 겨울 평균 기온이 17℃로, 연중 온화하지만 우기와 건기가 있다. 우기는 11월부터 4월까지로 평균 15℃의 온난하고 습기가 높다. 건기는 5월부터 10월까지로 고온 건조(평균 28℃)하다. 여름 평균 기온은 30℃ 전후이다. 일반적으로, 8월이 가장 덥고 7월이 가장 건조한 달이다. 모로코는 술탄 모하메드가 왕이 된 1912년부터 1956년까지 프랑스의 보호국이었다. 그의 아들 하산 2세Hassan II가 1961년 왕위를 계승하여 약 38년간 통치하였고 하산 2세는 재위하는 동안 중동의 평화를 유지하는 데 중요한 역할을 했다. 1999년 왕위를 이은 현 국왕 모하메드 6세는 아버지의 통치 기간 행한 정치적, 경제적 변화와 인권 문제에 관심을 기울였고 보수 종교계의 극심한 반대를 무릅쓰고 여성에게 더 많은 권리를 부여하는 법령을 도입하였다. 2010년 '아랍의 봄'에서 영향으로 의회와 총리의 권한을 강화하는 내용의 새로운 헌법이 제정되었다. 그러

나 국왕은 여전히 모든 정부 부처에 폭넓은 권한을 행사할 수 있다.[1]

모로코는 세계에서 가장 오래된 왕국 중의 하나로 788년에 최초의 통일 왕조가 수립된 후 수차 왕조가 바뀌면서 왕국 체제를 유지해 오고 있다. 1962년 헌법을 제정하여 입헌 군주국이 되었다. 모로코는 전통적인 농업국으로서 약 400만 명 이상이 농업 관련 분야에 종사하고 있으며, GDP의 약 13%를 차지한다. 850여 종의 각종 수산물을 생산, 수출하고 있는 아프리카·아랍 지역 최대의 수산물 생산·수출국이다. 우리나라와는 1962년 수교 이래 돈독한 우호 협력 관계를 유지해 왔으며, 정치·경제·문화 등 제반 분야에서 실질적인 협력이 꾸준히 이루어지고 있다. 1962년 9월 개설한 주모로코대사관은 아프리카 대륙에 최초로 개설된 우리나라 대사관이다.[2]

[표 10] 2019년 모로코 현황

인구	3천 6백 47만
언어	아랍어, 베르베르어, 프랑스어
면적	710,850㎢
GDP	1천 2백 24억 5천 800만 달러
1인당 GDP	3,441달러
평균 기대 수명	남 75.2세 여 77.7세

세계은행

1 https://www.bbc.com/news/world-africa-14121438, 검색일자: 2020년 8월 4일.
2 아프리카중동국 중동2과, 「모로코개황」, 외교부, 2018, pp.4~6.

2. 유형문화자원

페즈(Fes 또는 Fez로 표기)는 9세기부터 형성되기 시작해 마리니드Marinid 왕조의 수도로서 13세기와 14세기에 전성기를 누렸다. 카사블랑카에 이어 모로코에서 두 번째로 큰 도시이다. 중세 모로코의 백미를 보여주는 건축물이 산재해 있으며 세계에서 가장 오래된 대학인 알 카라윈Al Quaraouiyine대학교가 위치하고 있다.

페즈는 종교 학교와 이슬람 학자들과의 강한 유대 관계 덕분에 모로코인의 영적 수도spiritual capital로 여겨진다. 메디나medina(구도심)는 한때 활발한 교역의 중심지였으며 섬세한 목공예품, 젤리즈 타일이나 금속으로 만든 정교한 공예품 등 모로코의 전통적인 공예기술이 전승되는 곳이기도 하다. 수도 라바트와 달리 페즈에는 여전히 전통문화를 잘 보존하면서도 모로코의 변화에 대한 통찰력을 엿볼 수 있다.[3] 페즈는 강을 중심으로 두 개의 지역에는 안달루시아와 카이르완Kairouan의 시아파 이민자들이 각각 거주하고 있다.

마리니드 왕조가 권력을 잡은 13세기에 페즈는 번영의 시기를 구가하기 시작했다. 새로운 도시와 유대인 지구가 왕의 수도에 추가되어 페즈는 더 확장할 수 있었다. 페즈는 19세기에 알라위 사람들(모로코를 통치했던 술탄 알리의 후손)의 통치하에 수도의 기능을 회복했다. 이로부터 지금까지 페즈는 이슬람 문화의 허브로서 핵심 기능을 유지해 왔다.[4]

3 내셔널지오그래픽, https://www.nationalgeographic.com/travel/destinations/africa/morocco/Fez/, 검색일자: 2020년 8월 4일.

4 세계유산도시기구 공식 웹사이트, https://www.ovpm.org/all-about-owhc/, 검색일자: 2020년 8월 3일.

페즈는 현대에도 중세를 돌아볼 매혹적인 창을 제공한다. 고풍스러운 건물들이 빼곡히 들어선 페즈의 옛 지구에는 당시 사람들이 수백 년 동안 빵을 굽고, 가죽을 염색하거나 천을 직조하고 금속을 망치질했던 작은 가게들이 빽빽하게 늘어선 골목과 통로가 곳곳에 숨겨져 있다. 이 미로 도시에서 방문객들은 가끔 길을 잃기도 하지만 이런 기대치 않은 여정 역시 매혹적인 도시, 페즈를 탐험하는 재미를 준다.[5]

[그림 27] 페즈의 전통시장 www.latimes.com

아틀라스산맥과 사하라 사막 사이에 있는 우아르자자테Ouarzazate 남부에 위치하고 있는 아이트벤하두Ait-Ben-Haddou는 모로코 남부의 전형적인 점토 건축 양식인 크사르ksar를 잘 보존하고 있다. 1987년 유네스코 세계유산으로 등재되었다. 크사르는 베르베르족의 요새 마을을 지칭한다. 크사르 내에 곡물 창고가 딸린 주택이 종종 발견되기 때문에 크사르라는 용어는 곡물 창고와 혼용되기도 한다. 크사르는 일반적으로 모스크, 공공 광장, 묘지, 마을 꼭대기의 요새 및 로프트loft, 성 시디 알리Sidi Ali의 성소聖所, 카라반 세라이caravanserai,[6] 집단 주택, 곡물 창고 및 이슬람 사원, 욕실, 오븐 및 상점을 비롯해 여러 구조물을 갖추고 있다. 크사르는 북아프리카의 오아시스 인근에 널리 퍼져 있다. 적의 침

5 아프리카세계유산 웹사이트, https://www.africanworldheritagesites.org/cultural-places/fortified-cities-of-the-maghreb/medina-of-fez.html, 검색일자: 2020년 8월 4일.

6 과거 대상들의 숙소

[그림 28] 아이트벤하두의 크사르 https://unsplash.com/@lotfiphoto

입으로부터 방어하기 쉽도록 주로 산악 지역에 위치한다. 단일의 연속적인 성벽 안에 여러 개의 공간이 들어가 있으며 전체 구조의 건축에는 일반적으로 어도비 벽돌[7] 또는 절개한 돌이 사용된다. 크사르는 벽의 기단부는 진흙으로 만들고, 상부는 구운 벽돌로 만들며, 첨탑은 위로 올라갈수록 가늘어지고 장식이 거의 없는 형태이다. 창문은 외침을 막기 위한 가늘고 조그마한 틈이 있으며 건물 외부는 채색을 하지 않아 황토색 그대로인데, 점토 건물이라 약 50년 정도의 수명을 가지고 있다고 한다.[8] 다시 말해, 유지 보수가 쉽지 않은데, 아틀라스 및 아틀라스 지구 건축유산 보존 및 재건 센터는 목재나 점토를 금속이나 시멘트로 대체하지 않도록 지속적으로 감독하고 관리한다.[9] 이런 노력 덕분에 모로코는 크사르의 전통 건축 양식을 훼손하지 않고 전승할 수 있었으며 기후 조건과 완벽하게 조응하여 자연 및 사회 환경과 조화를 이룰 수 있었다.

7 모래, 찰흙, 물로, 또는 특정한 종류의 섬유나 유기 물질로 만들어진 천연 건물용 재료이다.
8 아프리카중동국 중동2과, 「모로코개황」, 외교부, 2018, p.91~92.
9 유네스코 공식 웹사이트, https://whc.unesco.org/en/list/444, 검색일자: 2020년 8월 3일.

3. 무형문화자원

천혜의 자연환경이 선물하는 신선한 식재료와 다양한 해산물은 모로코를 미식의 나라로 손꼽는 이유이다. 모로코 음식은 말이나 글로만 설명하기는 어렵다. 전통요리는 특히 향신료가 관건인데, 가장 일반적으로 사용되는 향신료는 커민cumin, 소금, 후추, 오레가노oregano, 파슬리, 고수풀, 캐러웨이caraway와 민트 등이 있다. 생강, 파프리카, 심황tumeric이나 사프란saffron도 많이 쓰인다. 모로코 향신료의 특이점은 '라스 알하누트Ras El Hanout'라는 이름의 자체 향신료가 있다는 것이다. 이 향신료는 27가지의 여러 향신료를 배합하여 만들어진다. 모로코 요리는 일반적으로 지중해 요리, 아랍, 안달루시아 요리 및 베르베르 요리가 모두 혼합되어 있다.

이와 같은 다문화적 혼종성은 모로코가 다른 문화와 얼마나 적극적으로 상호 작용을 해왔는지 보여주는 단면이라 하겠다. 말린 콩스프요리bissara, 토마토, 렌틸콩, 병아리콩, 양고기가 풍부하게 들어가는 하리라harira, 레몬주스와 고수의 쌉살함이 살아있는 타진tagine 등이 대표적인 요리이다. 고기, 채소와 함께 쪄서 먹는 주식인 쿠스쿠스couscous도 잘 알려져 있는 요리이다. 우리나라 음식은 소위 손맛이라고 해서 각 가정이나 요리하는 사람에 따라 각기 다른 맛이 우러나는데, 모로코 역시 같은 음식이라도 특정 도시와 각 가정에 매우 다양한 조리법이 있다고 한다.[10]

모로코 음악은 모로코의 문화 다양성을 가장 잘 나타내주는 요소이다. 모로

10 https://www.morocco-guide.com/culture/#architecture, 검색일자: 2020년 8월 3일.

코에는 각각 고유한 역사를 가진 다양한 음악 스타일이 있다. 모로코 북부 리프Rif의 아마지그Amazigh 음악, 수도 라바트를 중심으로 하는 안달루시아 스타일의 음악, 페즈와 우지다Oujda의 음악, 아틀라스Atlas의 차비Chaabi 음악, 수스Souss의 아히두스Ahidous 음악 및 그나와Gnawa의 음악 등이 있으며 이 외에 많은 다양한 음악이 존재한다. 이 중 그나와 음악은 2016년 세계무형문화유산으로 등재되어 그 역사적 가치를 인정받았다. 느슨한 머리띠와 화려한 색깔의 의상과 모자로 멋을 낸 공연 밴드는 담당에 따라 여러 하위 그룹으로 나뉘며 그룹의 마스터가 음악과 리듬을 지휘, 감독한다.

그나와는 밤새 흥겨운 리듬을 타고 치료 목적 의례와 종교적인 내용으로 구성된 문화 공연이라 할 수 있다. 여기에는 공동 식사를 포함하여 세속적이고 신성한 특징을 결합한 일련의 음악 행사, 공연, 치료 의식 모두 포함된다. 그나와는 원래 16세기 모로코로 팔려 온 소수 민족 출신 노예들을 가리키는 말이다. 그나와 음악은 당시 노예들의 고단한 삶을 달래주는 음악으로 출발했으나 이제는 모로코의 다양한 문화와 정체성의 일부로서 모로코의 마을마다 또한 주요 도시에서 그나와 뮤지션의 수가 지속적으로 증가하고 있으며, 그나와 공연 그룹들은 일 년 내내 축제에 초대될 정도로 인기가 높다.[11]

11 https://www.moroccoworldnews.com/, 검색일자: 2020년 8월 4일.

4. 지역문화 정책

모로코 문화는 내륙 지역 고유의 베르베르 문명과 기원전 1100년경부터 유입되기 시작한 페니키아 문명, 카르타고, 로마, 반달, 비잔틴, 이슬람 문명이 병존하는 독특한 문화를 형성해 왔다. 신석기 시대부터 존재한 베르베르 문명과 기원후 7세기경 유입된 이슬람 문명이 모로코 문화의 두 중심축을 형성한다. 모로코의 문화 정책의 모토는 다양한 전통문화와 고유의 유산 보존이 핵심이다. 1956년 모로코가 프랑스로부터 독립하면서 서구 문화의 비중이 감소하고 고유 전통문화에 대한 관심이 상대적으로 증대하였다. 각 지자체는 예산의 1%를 문화 시설 건설 및 예술인 지원을 위하여 배정함으로써 지역 고유의 문화를 보존, 증진하고 있다.[12]

2002년 문화부는 조직 개편을 통해 모로코의 모든 문화 의제를 담당하는 주무 부처가 되었다. 중앙의 문화 정책은 의도적이든 의도적이지 않든 직간접으로 다른 많은 부처의 업무와 상호 관련되어 있다. 문화 부서들, 예를 들면, 문화유산, 출판, 도서관, 기록 보관소 및 예술을 담당하는 모든 부서의 감독을 맡으며, 문화부와 제휴하고 있는 시설, 지역 사회, 민간 부문과의 파트너십 등을 관리한다.

문화부는 전국을 행정 구역과 마찬가지로 16개 관리 지역으로 구분하여 감독한다. 각 지역은 자체 예산을 가지고 있지만 중앙 정부와는 엄격하게 수직적인 관계를 형성하고 있다. 모로코의 문화는 지역별로 발전하여 종합적인 연구

12 아프리카중동국 중동2과, 「모로코개황」, 외교부, 2018, p.106.

시설은 많지 않으나 1986년 설립한 모로코 고고학 연구소, 1987년 연극·대중 예술 국립연구소 및 왕립 아마지그 문화 연구소 등이 있다. 모로코 문화 정책의 구조적 문제 중 하나는 문화산업 분야가 여전히 구성원 간 소통이 부족하며 갈등조정이 원활하지 못하다는 것이다. 뿐만 아니라 문화부의 정책 입안에 필수적인 정확한 데이터가 없다. 이로 인해 공공과 민간 문화 분야의 규모나 사업에 필요한 적확한 예산을 포함해 민간 부문에서 벌어지는 이벤트를 정확히 파악하기 어렵다. 이런 현상은 관련 법률의 부재, 즉 입법상의 진공 상태와 다름없는 상황에서 초래된 것이다.[13]

13 Chaabani, Fatima A., and El Ghayam, Sellama, "Morocco," in Cultural Policies in Algeria, Egypt, Jordan, Lebanon, Morocco, Palestine, Syria and Tunisia, Boekmanstudies, Culture Resource (Al Mawred Al Thaqafy) and European Cultural Foundation, 2010, pp.128~137.

제2장

호주의 문화자원

호주는 원주민, 유럽에 뿌리를 두고 있는 이주자, 아시아를 비롯한 아메리카나 아프리카 등지에서 건너온 다양한 이민자로 구성된 다문화, 다민족 사회이다. 2016년 호주 인구센서스에 따르면 호주 시민의 약 25%가 해외에서 태어났으며 인구의 거의 절반이 부모 중 한 사람이 해외에서 태어난 것으로 조사됐다.[1] 다양한 배경의 호주인들은 국가의 새로운 환경, 기후 및 자원에 알맞게 창의적으로 자신의 문화적 뿌리와 조응해 왔다. 이런 다양성은 현대 호주 사회가 다양성, 언어, 건축, 호주식 요리 및 스포츠 분야에서 자신감 있고 독특한 정체성을 주장할 수 있게 하는 원동력이다. 실제 2015년 SBS[2]의 조사에서 호주인 3분의 2는 호주의 생활 방식이 세계에서 가장 훌륭하다고 응답한 것으로 나타났다.

호주는 세계에서 6번째로 넓은 영토를 가진 국가이지만 인구 밀도가 가장 낮은 나라 중 하나이다. 인구의 대부분은 주요 도시 주변에 모여 살면서 고도로 도시화되었다. 많은 호주인들은 자신의 자유와 가능성에 대해 합리적으로 낙

1 Cultural Atlas, https://culturalatlas.sbs.com.au/australian-culture/australian-culture-core-concepts, 검색일자: 2020년 8월 11일.

2 1980년 설립한 호주의 공영방송국. Special Broadcasting Service의 약칭이다.

관할 만큼 충분한 사회적, 경제적 안정을 갖추고, 높은 수준의 생활을 누리고 있다. 다문화 사회이지만 호주인으로서 정체성은 자국을 지칭할 때 편안한 삶의 질을 보장하는 행운의 나라로 여긴다는 데에서 자부심과 공동체 의식이 잘 드러난다. 호주는 여유로운 태도에서 자연과 스포츠에 대한 진지한 사랑에 이르기까지, 공통의 가치, 문화적, 경제적 풍요로움과 천혜의 자연환경에 기반을 두고, 유, 무형의 자원을 효율적으로 활용하고 있다. 이번 절에서는 호주의 문화자원을 개관함으로써 과거의 유산, 자연환경과 현대 문화의 조화가 어떻게 국민의 삶을 바꾸어 놓을 수 있는지 살펴본다.

1. 일반 현황

호주는 멋진 자연과 함께 환경, 높은 삶의 질과 문화 다양성을 두루 갖춘 생태자원의 천국이다. 세계 생물 다양성의 10%를 보유하고 있으며 수많은 종류의 토종 식물과 동물이 있는 나라이다. 호주에 서식하는 포유류, 파충류, 식물 중 80% 이상은 오직 호주에서만 발견되는 고유종이다.[3] 호주는 약 5만 년 전부터 토착 원주민이 존재해온 고대의 땅이다. 이 은둔의 땅에 백인의 발자취가 새겨진 것은 1770년 4월, 제임스 쿡James Cook 선장이 식물학자 조셉 뱅크스Joseph Banks와 함께 보타니베이Botany Bay(현재 뉴사우스웨일즈)에 상륙한 것이 계기가 되었다. 이들은 호주의 동부 해안을 영국 왕실의 영토로 선포했다. 당시

3 호주외교통상부 공식 웹사이트, https://www.dfat.gov.au/sites/default/files/australia-in-brief.pdf, 검색일자: 2020년 8월 12일.

미국의 독립으로 식민지를 잃은 영국은 새로운 영토가 필요했는데 광활한 영토와 온화한 기후를 지닌 호주는 미국을 대체할 수 있는 황금의 땅과 다름없었다. 드디어 영국은 1788년 아서 필립Arthur Phillip 선장을 호주에 보내 개척지를 세우면서 비로소 호주 백인의 역사가 시작된다. 그와 함께 온 영국인들은 주로 죄수나 관리이거나 군인이었다. 이후 자유 정착민들의 숫자가 점차 증가하였고 호주에는 6개의 영국 식민지가 만들어지게 된다. 북쪽의 열대 우림에서 중앙의 붉은 사막, 남동쪽의 설원 지대까지 드넓은 영토는 호주를 환경과 문화유산의 보고로 만들었다. 호주는 유럽보다 무려 6만 년은 앞선 역사를 가지고 있는 세계에서 가장 오래된 원주민 공동체가 있다. 오늘날 호주는 그레이트 배리어 리프, 울 루루-카타츄타 국립 공원과 시드니 오페라 극장 등 원주민의 고유문화유산에서 완벽한 곡선의 미학을 보여주는 현대식 건축물까지 시공간을 넘나드는 문화유산을 자랑한다.

호주는 농업과 광업 등 1차 산업과 금융 및 서비스 산업의 비중이 큰 전형적인 선진국형 산업 구조를 가지고 있다. 영국 여왕이 국가 원수로, 영연방 국가 중 하나이며 따라서 입헌 군주제를 도입하고 있다.[4] 호주는 1850년대부터 1890년대 사이 남성과 여성의 참정권을 동등하게 부여한 최초의 국가 중 하나이다.[5]

호주의 다문화 사회는 공유의 정신과 태도로서 조화를 이룬다. 겸손과 진정성은 호주 문화에서 강력한 정신적 가치이다. 호주인은 자신이 다른 누구보

4 농식품부 국제협력총괄과, 「국가별[호주, 뉴질랜드] 일반 현황 및 교역현황」, 한국농촌경제연구원, 2012, p.3.

5 호주외교통상부(Department of Foreign Affairs and Trade) 공식 웹사이트, https://www.dfat.gov.au/sites/default/files/australia-in-brief.pdf, 검색일자: 2020년 8월 12일.

[표 11] 2019년 호주 현황

인구	2천 5백 6십 4만여 명
언어	영어
면적	7,692,024㎢(한반도의 약 35배)
GDP(USD)	1조 3천 7백 50억 달러
1인당 GDP(USD)	52,952달러
평균 기대 수명	남 81.3세 여 85.3세(세계7위)

다 낫다고 생각하는 인상을 주지 않으려고 한다. 그들은 또한 허세를 혐오하면서 성실, 유머, 비공식성을 중시한다.[6] 호주인이 추구하는 평등주의는 대인 관계를 강력하게 뒷받침한다. 호주는 종종 계급 없는 사회로 묘사되는데, 이러한 사회 분위기 때문에 개인의 교육 수준이나 부와 지위는 존경의 잣대가 되지 않는다. 호주가 영국의 식민지에서 평등한 민주 국가로 전환하는 데에는 평등주의적 신념이 바탕이 되었다. 대부분의 호주인은 법치주의를 옹호한다. 호주 사회는 대중의 행동을 엄격하게 통제하는 수많은 실제 규정에 의해 통제된다. 예를 들어, 자전거를 헬멧을 쓰지 않고 타면 수백 달러의 벌금이 부과될 수 있다. 흔히 느긋하다는 고정 관념을 가지고 있는 호주 사회지만 안전망 확립에는 엄격하다는 것을 보여주는 하나의 사례일 것이다.

호주에서 요리를 경험할 수 있는 옵션은 무한하다. 원주민 요리에서 영감을 얻은 전통 요리를 비롯해 카페에서 즐기는 간단한 아침 식사에서부터 해산물과 독특한 육류로 요리한 고급 식사에 이르기까지 호주 요리는 신선한 토종 재료와 결합하여 완전히 독특한 맛을 낸다. 65곳이 넘는 포도 재배 지역에 수

6 https://www.commisceo-global.com/resources/country-guides/australia-guide, 검색일자: 2020년 8월 11일.

천 개의 와이너리가 있고 유서 깊은 수제 맥주 양조장이 곳곳에 산재해 있다. 수영, 요트 타기, 수구 등 수상 스포츠를 비롯한 야외 스포츠의 강국이기도 한 호주는 호주 오픈 테니스 토너먼트 및 시드니-호바트 요트 경주Sydney Hobart yacht race와 같은 세계적으로 유명한 수많은 스포츠 이벤트의 개최지이기도 하다.[7]

2. 유형문화자원

[그림 29] 시드니 오페라 하우스 https://whc.unesco.org/en/list/166

시드니 오페라 하우스는 건축 형태와 구조, 디자인 모두에서 창의성과 혁신의 여러 갈래를 결합한 20세기의 훌륭한 건축 작품이다. 반도의 끝자락에 있는 시드니 항구의 아름다운 풍광을 배경으로 오페라 하우스는 건축계에 지속적인 영향을 미쳤다. 시드니 오페라 하우스는 두 개의 메인 공연장과 레스토랑이 있으며 3개의 연동 아치형 쉘 모양의 지붕

7 https://www.australia.com/en/facts-and-planning/about-australia/the-aussie-way-of-life.html, 검색일자: 2020년 8월 11일.

으로 구성되어 있다. 이 쉘 구조는 오페라하우스의 플랫폼에 설치되어 있으며 보행자 전용 통로 역할을 하는 테라스로 둘러싸여 있다. 1957년, 시드니 오페라 하우스 프로젝트는 덴마크 건축가 요른 웃손Jørn Utzon을 위촉하여 시작되었다. 그의 파격적인 디자인은 건축에 대한 새로운 접근 방식을 요구하였기 때문에 많은 논란의 대상이 되었다고 한다. 그러나 말도 많고 탈도 많던 시드니 오페라 하우스는 20세기 건축의 최고 걸작 중 하나로 평가받게 되었다. 타의 추종을 불허하는 전위적인 디자인과 구조는 뛰어난 엔지니어링과 기술 혁신 및 세계적으로 유명한 건축 아이콘으로서의 위상을 지켜 오고 있다. 이 건물은 20세기 후반 건축 사조에 지속적인 영향을 미쳐 온 대담하고 미래 지향적 실험의 결과물이다. 웃손의 독창적인 디자인 콘셉과 건축에 대한 그의 독특한 접근 방식은 건축가, 엔지니어 및 건축업계의 집단적 창의성을 자극했다. 오브 애럽Ove Arup(1895~1988)[8]의 엔지니어링 성과는 웃손의 아이디어를 실현하는 데 중추적인 역할을 하였다. 시드니 오페라 하우스는 또한 구조 공학과 건축 기술 분야에서 뛰어난 보편적 가치를 인정받아 2007년 유네스코 세계유산으로 등재되었다. 이 건축물은 위대한 예술적 기념물이자 호주 문화 예술의 아이콘이 되었다.

호주에서 매우 건조한 중부 지역은 레드센터Red Centre라는 명칭으로 부른다. 풍화 작용으로 침식된 붉은 산악 지대와 바위가 많은 협곡은 왜 이곳을 레드센터라 하는지 극명하게 보여준다. 광활한 붉은 사막에는 호주 원주민이 신성한 땅으로 여기는 울룰루Uluru와 카타츄타Kata Tjuta가 있다. 레드센터의 붉은

8 덴마크 출신의 엔지니어로 킹스게이트 브릿지(Kingsgate Bridge), 런던 최초의 아파트인 하이포인트(Highpoint I) 등의 설계에 참여했다.

[그림 30] 레드센터의 울룰루 위키피디아 ©Corey Leopold

토양은 수백만 년 전 생성된 산화철 산화에서 기인한다. 이곳을 상징하는 붉은색 토양은 북부 전역에 걸쳐 있는 12가지 토양 중 하나라고 한다. 원주민들은 붉은 사막에서 자신들의 이야기를 전하고 문화를 공유하며 새로운 세대에 전통문화를 전승하여 왔다.[9]

1) 울룰루

호주에서 가장 유명한 랜드마크 중 하나인 울룰루Ululu는 30,000년 넘게 아난구Anangu 원주민 공동체의 성지이자 고향이었다. 예전에는 에어즈 바위Ayers Rock라고 불렸으며 울룰루는 약 5억 년 된 사암sandstone으로 형성되어 있다. 높이는 348m, 둘레는 9.4km에 이른다.

9 호주관광청 공식 웹사이트, https://www.australia.com/ko-kr/places/alice-springs-and-surrounds/guide-to-the-red-centre.html, 검색일자: 2020년 8월 12일.

아난구 원주민은 그들의 조상들이 츄쿠파Tjukurpa[10] 기간 동안 울룰루를 형성했다고 믿고 있으며, 주변의 다양한 동굴이 이것의 증거라고 믿는다. 아난구 문화에서 츄쿠파는 아난구의 세계관을 나타낸다. 츄쿠파의 이야기에는 살아가는 지혜와 교훈이 포함되어 있으며, 땅에서 살아남는 방법과 여행하는 방법에 대해 가르친다.

오늘날, 아난구 부족은 여전히 이곳에 있는 동굴 안에서 의식을 개최하고 츄쿠파를 새로운 세대와 공유한다. 인간과 울룰루 땅과의 연결 고리는 전통과 관습을 새로운 세대에 전달하면서 이어진다. 울룰루는 장엄한 파노라마를 보여준다. 울룰루는 희귀한 식물과 동물, 중요한 영적 유적지, 암벽화가 그려진 동굴이 있다. 황금빛 빛이 바위의 색을 살려주는 일출과 일몰 무렵에 가장 아름답다고 한다.[11]

2) 카타츄타

울룰루에서 서쪽으로 30분 거리에 카타츄타Kata Tjuta는 3억 5천만 년 된 사암으로 형성되어 있다. 원주민 언어로 '많은 머리'를 의미하는 카타츄타는 아난구 부족의 성소이다. 거대한 사암砂巖 돔dome은 황토색을 띠며 인근 울룰루의 붉은 색과 대비된다.[12] 카타츄타는 평이한 코스부터 난코스까지 다양한 트레킹

---

10 츄쿠파는 아난구 부족의 삶의 기반으로 고대의 신들이 창조되었던 신화적 시대를 가리킨다. 드림타임(dreamtime, 몽환)이라고 부르기도 하며, 아난구의 신념, 도덕 체계, 원리를 제공한다. 문헌이 아니라 공동체의 기억을 통해 전승되어온 개념이다. 호주환경부, https://www.environment.gov.au/system/files/resources/abf7defb-4118-4247-bb47-2d2d8681b6a8/files/uktnp-a4factsheet-tjukurpa-small.pdf, 검색일자: 2020년 8월 15일.

11 https://parksaustralia.gov.au/uluru/discover/highlights/uluru/, 검색일자: 2020년 8월 15일.

12 울룰루관광, https://ulurutoursaustralia.com.au/

코스, 전망대, 현지 예술 작품을 취급하는 갤러리 등 흥미로운 즐길 거리와 볼 거리가 있다.[13]

3. 무형문화자원

1) 애버리진 예술

애버리진 문화는 60,000년에서 80,000년까지 거슬러 올라간다. 이때가 원주민이 처음으로 호주에 정착한 때로, 호주 원주민 애버리진의 영성과 정신문화는 2만 년의 세월을 건너 암벽화를 통해서도 증명된다. 애버리진 원주민은 주변에 있는 붉은 산에서 채취한 황토ochre를 암벽화에 사용하였다. 고고학자들은 이 암벽화가 4만 년에서 6만 년 전 그려진 것으로 추정하였다. 호주 원주민은 문자가 부재했기 때문에 암벽화와 같은 고대 예술 작품은 원주민의 삶을 묘사한 유일한 사료이다. 그들은 자신들의 문화를 전승하는 데 예술을 십분 활용했으며 작품은 문화적 배경의 스토리텔링을 기반으로 두었다. 작품에서 원주민의 토지, 사건 및 신념이나 신앙에 대한 정보는 연대별로 나열되어 있다.

상징의 사용은 문화적으로 중요하다. 애버리진이 사용한 도상들의 해석은 학자에 따라 다르다. 아이들에게는 교육적, 행동적 측면을 강조하는 간단한 형식의 해석이 필요하고 정보와 도덕적 가르침을 결합하기도 한다. 애버리진의 이야기가 어른들을 대상으로 한다면 더 높은 수준의 형식으로 해석될 것이다.

13 호주관광청, https://www.australia.com/ko-kr, 검색일자: 2020년 8월 15일.

[그림 31] 애버리진 예술
https://alicespringsnews.com.au/ 2012.5.10 "What future for the Aboriginal art economy?"

애버리진 원주민은 바디 페인트용으로, 또는 나무껍질과 바위에 그림을 그리기 위해 수만 년간 황토를 사용해 왔지만 현대적 의미의 그림은 1930년대에 이르러 비로소 그리기 시작했다.

그들은 자신들의 터전인 붉은 사막을 묘사했다. 첫 번째 전시회는 1937년 원주민 수채화 화가인 알버트 나마치라Albert Namatjira의 작품이 선정되었다. 1970년대 초까지 예술가들은 주로 수채화를 사용했다고 한다. 황토와 나무껍질 그림은 일반인들에게 점차 알려지기 시작했고 1948년 에르나벨라Ernabella에 예술공예 센터가 설립되었다. 전통적으로 원주민은 암벽, 의례 용품이나 자신의 신체를 화폭 삼아 그렸으며 심지어는 흙이나 모래 위에도 그림을 그렸다. 오늘날에는 캔버스와 판지에 그린 그림이 대부분이다. 이후 애버리진 원주민 예술은 20세기의 흥미로운 미술 형식으로 인정받고 있다. 특이한 점은 원주민 예술가는 부족에 전승되는 특정 이야기를 그리려면 허가가 필요하다는 것이다. 다시 말해, 원주민 화가는 세대를 통해 전해지는 이야기에 대한 권리를 상속받는다.

드림타임은 원주민을 위한 시간 창조의 법Creation Law이다. 대부분의 원주민 예술가들은 자신의 유산과 정체성의 일부를 형성하는 꿈을 그린다. 일설에는 원주민이 자신의 신성하고 사적인 지식이나 정보를 숨기기 위해 점dot을 사용했다고 한다.

1980년대 중반에 원주민 여성 예술가들이 현장에 등장하기 시작했고 이들은 더 넓은 범위의 현대적인 색상을 과감하게 선택하였다. 이들이 그린 불타는 사막, 원주민의 소박한 삶이나 신화를 묘사한 그림들은 예술애호가의 눈길을 끌었다. 원주민 예술은 여러 방식으로 그들의 문화를 부활시켰다. 그것은 서양인의 편견과 오해의 장벽을 예술을 통해 실질적으로 무너뜨렸다.[14]

2) 다윈축제

다윈Darwin은 호주 북부 노던 테리토리Northern Territory(노던준주)의 주도이며 인구 15만 명 정도의 소도시이다. 라라키아Larrakia원주민이 많이 집거하고 있으며 전통과 아울러 현대적이면서도 다문화정체성을 지니고 있는 도시이다. 이 도시는 60개 이상의 국적과 70개 이상의 다양한 민족적 배경을 가진 시민으로 구성되어 있다. 이러한 문화적 특성을 토대로 흥미로운 축제가 열리고 음

14 애버리진예술오스트랄리아닷컴, https://www.aboriginal-art-australia.com/aboriginal-art-library/the-story-of-aboriginal-art/, 검색일자: 2020년 8월 13일.

식, 전통공예시장 등이 상설 운영되고 있다.[15]

그중에서 다윈축제는 매년 8월에 개최되며 다윈시의 가장 큰 행사 중 하나이다. 다윈 지역은 1974년 윌리윌리로 불리는 호주 사이클론으로 인해 큰 피해를 입었는데, 주민들의 헌신적인 노력으로 다행히 도시를 재건하였고 이를 기념하기 위해 1979년부터 축제를 연 것이 '다윈 축제'의 기원이 됐다. 8월 중순부터 18일 동안 축제는 밤낮으로 펼쳐지며 야외 콘서트, 코미디, 연극, 시각 예술 및 댄스가 흥미진진하게 펼쳐진다. 매일 상쾌한 저녁에는 '페스티벌 파크'의 별빛 아래에서 현지인과 관광객이 함께 어우러져 라이브 음악을 감상하면서 맛있는 식사와 음료를 즐길 수 있다.[16] 시각 예술 전시회와 퍼레이드, 실험성이 강한 공연 등 다채로운 이벤트가 도시 곳곳에서 쉴 새 없이 펼쳐진다. 축제 기간에 맞춰 유네스코 세계유산에 등재된 '카카두 국립공원' 등 이국적인 자연환경과 원주민의 토착 문화를 감상하는 것도 빼놓을 수 없는 즐거움이다. 5월과 9월 사이에 노던 테리토리는 긴 우기雨期에서 벗어나고 관광객이 돌아오면서 생기가 돌기 시작한다. 상징적인 바룽가Barunga 토착스포츠 문화축제부터 앨리스 스프링스 비니Alice Spring Beanie축제[17]의 창의적인 경이로움에 이르기까지 테리토리의 축제 시즌이 열린다.

모든 축제가 진화하고 매년 새로운 축제가 기존 프로그램에 추가되어 사람끼리 어울리는 문화의 장을 제공한다. 다윈축제의 예술 감독 펠릭스 프레발

---

15 다윈시 공식 웹사이트, https://www.darwin.nt.gov.au/live/welcome-to-darwin/about-darwin/overview, 검색일자: 2020년 8월 16일.

16 위의 사이트.

17 1997년 원주민여성들이 손뜨개 비니를 판매하면서 시작했다. 비니뜨개질 체험도 할 수 있으며 비니와 관련된 모든 것을 볼 수 있는 축제이다.

Felix Preval, 전 예술 감독 말콤 블레이록Malcolm Blaylock(2003~2008), 노던 테리토리 도서관의 유산 코디네이터, 다윈프린지축제의 예술 감독 등은 지속적인 프로그램의 개선을 위하여 지속적인 모니터링을 통해 협업을 하고 있다.[18] 다윈 애버리진예술박람회Darwin Aboriginal Art Fair, DAAF는 매년 8월 사흘간 개최된다. 박람회는 다윈 컨벤션 센터에서 열리며 70개가 넘는 원주민 소유 커뮤니티 아트 센터들이 전시에 참여한다. 현지에서 토착 예술품을 구매할 수 있는 장소로서 예술품 판매뿐만 아니라 워크숍, 전통무용, 영화, 패션 및 음악도 박람회 프로그램에 포함된다.[19]

4. 지역문화 정책

호주는 90년대 중반부터 문화산업에 기반을 둔 창조 산업을 주축으로 창조경제에 대한 정책을 수립하였으며, 중앙 정부보다 지방 정부가 앞서 육성 정책을 펼쳐왔다는 데 특징이 있다.[20] 그러나 최근 중앙 정부 차원에서도 지역문화 개발 및 문화인프라에 대해 투자를 늘려가고 있다. 이에 부응해 의회는 지난 수십 년 동안 문화 인프라, 문화 인력 및 문화 프로그램을 지원하는 예산을 차츰 늘려 왔다. 2014년 호주의 8개 주도州都에서만 문화 시설 확충에 총 15억 호

18 노던테리토리 정부 공식 웹사이트, https://ntl.nt.gov.au/events/darwin-festival-its-festival-season, 검색일자: 2020년 8월 14일.

19 벤쳐노스 공식 웹사이트, https://venturenorth.com.au/northern-territory-tourism-blog/things-to-do-around-darwin-part-3-festivals/, 검색일자: 2020년 8월 14일.

20 김왕동, 박미영, 「주요국의 창조경제 정책 현황과 사례」, 『조사연구』, 2013, pp.75~82.

주 달러[21](약 1조 2천 732억 원)를 투입했으며 예술가 지원에 700만 호주달러(약 60억 원) 이상의 예산을 확보했다. 지역 사회를 위한 문화 개발 프로그램 보조금과 후원금으로 거의 3,200만 달러(약 272억 원)가 소요되었다. 가장 인구 밀도가 높은 도시화 지역인 빅토리아주의 의회는 약 600명의 전담 문화 개발 직원을 고용했으며 이들은 각각 평균 14개의 시설을 관리, 감독하고 있다. 지난 10년 동안 지방 정부의 투자는 연방 투자보다 빠른 속도로 증가했다. 호주 서부 지역 140개의 지방 정부는 2010년 전후 10년 동안 문화 활동에 1억 5,500만 달러(약 1,316억 원)를 투자했는데, 이는 주 정부가 투자한 1억 2,800만 달러(1,090억 원)보다 상당히 많은 금액이다.

호주 의회는 투자를 지원하고 적재적소에 집중하기 위해 예술 전략, 문화 정책 또는 예술기획이라고 하는 문화 개발 기획에 초점을 맞추고 있다. 이전에는 이와 같은 목표와 프로세스를 뒷받침하는 프레임워크framework나 원칙이 부재하였기 때문에 개별 협의회 내에서도 합의점을 도출하는 데 어려움이 컸다. 문화 개발 기획은 협의회가 논의하고 있는 다른 문화 관련 기획안과 내용, 시기 및 형식과 지나치게 동떨어져 있었다. 문화 개발 기획은 총회에 대한 전반적인 방향을 제공하기 위한 법률의 제정까지 포함하는 총체적인 작업이다. 기존 계획은 데이터와 증거를 충분히 활용하지 못하는 경향이 있으며 측정 가능한 결과 및 평가의 적용이 원활하게 진행되지 못하는 상황이다. 이에 대한 개선안으로 지역문화 개발 기획은 다양한 준비를 갖춘 주州 정부의 지원을 받는다. 예를 들어, 빅토리아주에서는 2012년 빅토리아 시립 협회State Peak Body와 LG Pro(지

21 이하 '달러'는 모두 호주달러를 지칭한다.

방 정부 전문가 네트워크)를 중심으로 예술문화위원회를 설립했다. 다른 지방 정부의 참여가 증가함에 따라 당해년에 위원회를 확대한 전국 지방 자치 문화 포럼 National Local Government Cultural Forum을 창립하여 지역문화 발전을 위한 기반을 제공하고 있다. 각 주정부 협회의 정책 담당자는 전국 지방 자치 문화 포럼의 당연직 회원이다.[22]

호주연구위원회Australian Research Council[23]는 2005년 1,700만 달러를 투자하여 퀸즈랜드 지역에 '창조 산업혁신센터'를 발족하였다. 이 센터에서는 미디어, 문화, 커뮤니케이션, 법, 교육, 경제, 경영 및 정보 기술 등 다양한 학문 분야가 모여 문화산업 관련 연구가 이루어지고 있으며, 호주뿐 아니라 아시아 및 전 세계에서 발생하는 주요 문제를 다루고 있다. 그 결과 2000년 중반부터 해당 분야의 글로벌리더로서 인정받고 있다.[24]

정부 지원의 예술위원회의 설립은 다른 나라에 비해 다소 늦은 편이었으나 호주는 20세기 초반부터 예술 진흥에 대한 관심이 높아서 1908년과 1912년 각각 연방 문학 기금과 예술 자문 기구를 설립한 바 있다. 호주 정부의 독립적인 예술 자금 지원 기관이자 자문 기구로 호주예술위원회Australia Council for the Arts(이하 ACA)가 1973년 설립되었으며, 1975년에는 예술위원회법을 통해 법적 지위를 부여하였다. 영국처럼 '팔길이 원칙'에 따라 운영되는 ACA는 '호주의 예술가들을 지원하고 그들의 작품을 대중들이 접할 수 있게 함으로써 특

---

22 호주문화개발네트워크, https://culturaldevelopment.net.au/more-information/

23 호주 정부에 연구개발투자에 대해 컨설팅하고 산업, 정부, 지역 사회 단체, 국제 사회 간 파트너십을 중재하는 연방기구로서 모든 호주인에게 문화적, 경제적, 사회적, 환경적 혜택을 제공하는 것을 목표로 한다. 호주연구위원회 공식 웹사이트, https://www.arc.gov.au/about-arc, 검색일자: 2020년 8월 16일.

24 김왕동, 박미영, 위의 논문.

색 있는 문화작품들의 창작, 전시, 감상을 지원하는 것'을 미션으로 삼고 있다. ACA의 목표는 다양한 전략과 정책들이 보다 적절하고 효과적인 것이 되기 위해 무엇이 필요한지 파악하고 2007년 제안한 '문화참여프레임워크'Cultural Engagement Framework이다. 이는 ACA가 실행하는 다양한 보조금 지원 및 기획사업들이 접근의 공정성을 담보할 수 있게 하는 프레임워크를 제공하고자 했으며, 특히 원주민, 장애인, 다문화 국가, 젊은이, 소외된 지역 사회에 대한 관심을 담고 있다. 문화참여프레임워크의 원칙은 예술적 우수성을 지원하는 동시에 예술에 참여하고 그것을 향유할 수 있는 기회를 모든 이에게 제공한다는 데 기반을 두고 있다.[25]

빅토리아주의 최대 도시인 멜버른시는 관내에 유네스코 세계유산을 보유하고 있으며 문화 인프라도 풍부해서 2,765곳의 유적지와 44개의 박물관, 162개의 화랑, 28개의 문화센터, 100여 개의 극장을 가지고 있다. 멜버른에서는 매년 1,000여 편의 공연이 열리며 7만 3천 회가 넘는 음악 콘서트, 400개의 축제가 열린다. 무용, 미술, 도서전 등을 포함하면 멜버른은 1년 365일 문화 예술 프로젝트가 끊이지 않는 예술의 도시라 해도 과언이 아닐 것이다. 이런 공고한 문화적 기반을 발판으로 멜버른시는 최근 제품과 서비스를 제공하는 '창조적 전략creative strategy'을 통해 예술의 패러다임을 전환하고 있다. 실제로, 이는 관념 속에 머무는 예술보다는 실천적이며 적극적인 전략을 개발하고 있음을 의미한다. 빅토리아 주정부의 예술빅토리아부Arts Victoria Department는 창조빅토리아Creative Victoria로 부처의 명칭을 변경하였다.

---

25 임학순, 정종은, 「예술위원회 역할체계 비교 분석-영국, 캐나다, 미국, 호주, 한국의 사례」『한국문화정책학회 학술대회논문집』, 2013, pp.147~153

멜버른은 난민이나 기후 및 수자원 등 당면한 도시 문제 해소와 관련해서 예술 주도 프로젝트를 진행하여 해결 방안을 모색한다. 예를 들면, 보행자 흐름에서 시각 장애인이나 청각 장애인이 도시를 탐색하는 데 도움이 되도록 필수적인 정보를 제공하는 스마트 시티 오피스Smart City Office 프로젝트를 시행하였다. 이처럼 디자인 주도적이며 창의적인 실천적 접근 방식은 멜버른의 창조적 전략에 의해 더욱 가속화할 것이다.

멜버른의 인구 증가는 호주의 다른 도시에 비해 매우 빠른 편이다. 급속한 도시 팽창은 젠트리피케이션의 위험을 초래하기도 하는데, 이를 방지하기 위해 예술가를 위한 저렴한 작업 공간의 수요에 맞춰 문화 기반 시설을 구축하고 있다. 빅토리아 주정부가 중앙 정부와 협력을 통해 새로운 상업지 개발의 일환으로 창의적인 공간을 대폭 확대하여 개발한 피셔맨스 벤드FIsherman's Bend는 480헥타르(4.8㎢, 145만 평)에 달하는 광대한 지역에 중앙 집중식 '문화 구역'이 아닌 각 지역의 문화 중심지에 기획한 호주 최대의 도시 재생 프로젝트이다.

콜링우드 예술구Collingwood Art Precinct, CAP는 오래된 고등학교 건물을 혁신적인 창의적 비즈니스를 수행하기 위한 장소로 리모델링하여 예술 자선 관련 프로젝트를 진행하고 있는 사회적 기업이다. 멜버른 과학 갤러리는 멜버른대학교가 개발한 새로운 예술 지구 내에 위치하고 있는 부속 기관으로 2020년 개관하였다. 벅스톤현대미술관Buxton Contemporary Gallery 역시 멜버른대학교에 부속된 곳으로서 2018년 미술 수집가이기도 한 RMIT대학교의 마이클 벅스톤Michael Buxton 교수와 그의 가족이 기부한 현대미술 작품들을 소장하고 있다. 이 미술관은 호주 최대 규모의 디지털 화면을 보유하고 있으며 초현대식 건물

로도 유명하다.[26][27]

26 "World Cities Culture Report 2018," pp. 171~172.
27 벅스톤현대미술관 공식 웹사이트, https://buxtoncontemporary.com/about/, 검색일자: 2020년 8월 17일.

제V부

국내외 지역문화자원 활용 사례

1. 역사문화자원
2. 산업유산
3. 도시 재생
4. 길
5. 종교 콘텐츠
6. 축제

제1장

역사문화자원

역사문화자원은 지역의 다양한 문화와 전통을 반영하고 지역민의 삶을 대변하는 중요한 산물이다. 역사문화자원의 정의는 다양하지만 사전적인 의미로 살펴보면, 인간 생활이나 경제 활동에 이용되는 역사성을 지니고 있는 사물이나 공간이라고 풀이한다. 또한 역사 공간, 문화재, 민속 등을 포함하는 인간의 생활 양식, 기록과 비기록을 문화자원이라고 할 수 있으므로, 역사문화자원은 과거부터 전승된 물질적, 비물질적 인간의 유산이라 규정할 수 있다. 현대에는 진정성 있게 지역의 품격을 고양하고 장소의 매력을 증진하며, 그 공간에 사는 주민의 삶의 질 개선과 같은 목표가 도시 관리의 핵심으로 부상하면서 도시의 역사나 역사문화자원에 대한 관심이 증가하는 추세이다.[1] 현대사회에서 과거를 비추는 거울인 역사문화자원은 다양한 가치를 지닌다. 역사문화자원은 그것이 보유하고 있는 역사적, 학술적 가치와 아울러 경제적, 문화적 가치 또한 중시되고 있다.[2] 이번 절에서는 국내외 역사문화자원의 활용 사례를 살펴본다.

1 박상필, 김형균,「역사문화자원을 활용한 동래읍성지역 재생방안」, 부산발전연구원, 2015, p.1.
2 한상우, 김태영,「경상남도 역사문화자원의 활용 제고방안」, 경남발전연구원, 2012, pp.7~8.

1. 이집트 아스완(Aswan)

한때 나일강을 중심으로 고대 문명을 꽃피웠던 이집트는 독특한 전통, 관습과 문화자원을 보유하고 있는 나라이다. 이집트의 아스완은 2005년 유네스코 창의도시의 공예와 민속 예술 분야에 지정되었다. 황금빛 사막과 에메랄드색으로 빛나는 섬들 사이를 흐르는 나일강은 아스완시와 인근 섬들의 젖줄이다. 아스완은 고대 이집트에서 '시장market'을 의미하는 소노Sono로 불렸었는데 누비아Nubia[3]를 오가는 수송선들의 기착지이자 상업의 중심지였다. 아스완은 수천 년 동안 도시를 통치했던 누비아 왕들의 묘지가 있던 곳으로, '황금의 땅Land of Gold'으로도 알려져 있다.

아스완은 공예와 민속 예술, 창작 교류, 예술 교육 및 주민의 적극적인 참여 등 여러 분야를 망라한 유, 무형의 유산을 가지고 있다. 전통 공예품으로는 비즈 공예, 테이블보, 종려나무 가지와 잎으로 만든 공예품, 점토와 수예품이 있다. 전통 의상과 보석 등은 지금도 아스완의 전통 풍습, 예를 들면, 결혼식이나 장례식 및 기타 중요한 행사에 사용된다. 아스완은 아스완민속단Aswan Folk Troupe과 같은 지원 제도 덕분에 50종이 넘는 전통 민속 무용이 지역에 전승되어 왔으며 소속 무용수들은 전국을 순회하며 공연한다.

공예와 민속 예술에서 전통을 보존하고 유지하기 위해 아스완에는 아스완 박물관 및 누비아 박물관 등 여러 유관 기관이 설립되었고 박물관에는 아스완의 민속 예술 보존에 중점을 둔 인류학 부서가 있다. 이 도시는 밀도가 높은 단

3 아프리카 북동부, 아스완으로부터 수단의 수도 하르툼 부근까지의 나일강 하곡 및 누비아사막을 포함하는 지역을 일컫는다.

[그림 32] 아스완 풍광 위키피디아 ⓒ Marc Ryckaert

단한 돌이 많은 토양으로, 이집트 조각 예술의 부활을 목표로 국제 조각심포지엄International Symposium of Sculpture을 주최하고 있다. 아스완은 문화와 창의성을 통해 빈곤과 문맹 퇴치에 대한 지속 가능한 개발, 상호 이해 증진을 위한 지역 사회의 노력을 지원한다. 이를 위해 박물관에서 누비아Nubia 예술의 진수를 보여주는 유물을 수집하여 전시하고 수공예 인력 양성 차원의 다양한 기금을 조성한다.

이집트 정부는 2005년 생태관광에 초점을 맞춘 '아스완 선언Aswan Declaration as Community-based Ecotourism City'을 채택하고 아스완의 전통 마을을 중심으로 생태관광을 중요한 관광 요소로 부각하고 있다.[4]

4 오동욱, 「안동 유네스코 창의도시 기본구상」, 대구경북연구원, 2019, p.20.

2. 강원도 철원군

[그림 33] 철원군 제2땅굴 입구
http://www.ubestar.com/kor/gangwon/cheorwon/

이번 절에서는 강원도 철원군 내에 산재해 있는 역사·문화유산을 에코뮤지엄의 대상으로 선정하고, 이들 유산의 현황을 파악함으로써 지속 가능한 활용 방안을 제안하려고 한다. 또한 지역의 생태와 자연자원을 효율적으로 보존하면서 에코뮤지엄에 연계할 수 있는 방안을 모색한다. 이 사례의 내용은 필자의 연구 논문에서 발췌한 것을 밝혀둔다.

비무장 지대와 인접한 접경 지역으로 지역 내 대부분이 군사 보호 구역인 철원군은 안보 교육의 장으로서 노동당사, 땅굴 등 군사문화유산과 태봉국의 고도古都로, 궁예도성, 도피안사 등 역사문화 유적지가 곳곳에 산재해 있을 뿐만 아니라 한탄강의 수려한 물길과 아름다운 자연환경은 생태관광지로서도 큰 잠재력을 지니고 있다.

정치적 환경에 따라 부침이 있기는 하지만 DMZ가 지니는 역사성과 생태적 의미를 고려하면 이 역시 생태문화자원으로서 의의가 적지 않다고 볼 수 있다. 또한 철원군은 서울에서 불과 반경 90km 거리에 위치해 있어, 수도권 인구의 여가 활동을 위한 관광지로서의 활용 가능성이 높은 편이다. 관내에는 국가지정문화재를 비롯하여 지방지정문화재, 등록문화재 등 약 21개의 문화재가 있으며, 월정역, 노동당사, 철의 삼각전적지 등 다수의 근대문화유산이 분포하고 있다. 아울러 한탄강, 토교저수지, 직탕폭포, 순담계곡등 아름다운 자연을 활용한 체험, 생태관광지로서 최적의 조건을 갖추고 있다.

사실 남북 분단이라는 우리 민족의 비극적인 역사 속에서 안보는 때로 반공을 빌미로 민주주의를 억압한 부정적인 기제로 인식되었던 적도 있었다. 그러나 설령 통일이 된다 해도 지정학적으로 중요한 위치를 차지하고 있는 우리나라에서 안보는 결코 경감의 대상이 될 수 없는 것은 자명하다. 따라서 철원군의 지리적 위치와 역사성은 지역의 큰 자산이다. 철원의 에코뮤지엄은 다소 경직된 이 지역의 이미지를 역사 교육의 장으로 전환하고, 안보의 첨병으로서 통일 한국을 준비하는 미래의 기반이 될 것이다.[5]

5 김진영, 「에코뮤지엄에 토대한 지역문화자원의 활용 방안-강원도 철원군을 중심으로-」, 『한국콘텐츠학회 학술대회논문집』, 2012, pp.209~210.

제2장

산업유산

산업 혁명 이후 전통적인 산업은 점차 퇴조하고 그 자리를 첨단 산업이 대체하게 되면서 한때 지역 경제를 책임졌던 산업 시설은 방치되거나 폐쇄되면서 지역 미관을 훼손하는 애물단지로 전락하게 되었다. 이런 유휴 산업 공간은 1990년대 이후 도시 재생과 연계해 문화 예술의 옷을 갈아입고 새로운 장소로 재탄생하고 있다. 인간의 편의를 위해 혹은 경제 활동의 핵심이었던 산업유산은 시대별, 지역별로 다양한 정의가 이루어지고 있다. 산업유산보존국제위원회The International Committee for the Conservation of the Industrial Heritage, TICCIH는 산업유산을 "역사적, 기술적, 사회적, 건축적, 학문적 가치를 지닌 현존하는 산업문화의 유물"이라고 규정하고 있으며, 그 범위 역시 광의적으로 산업 부지, 건축물, 공장, 기계 및 설비, 주택, 산업적 경관, 생산품 및 공정, 산업사회에 관한 자료 등을 모두 포함하고 있다.[1] 다시 말해, 산업유산은 현 사회와 상호 작용할 가치를 지닌 대상물이자 후세대에게 물려줄 소중한 문화재이며 장소성을 드러

1 이병민, 「지역문화콘텐츠로서의 산업유산 특성-삿포로와 청주사례를 중심으로-」, 『문화경제연구』, 제20권 제2호, 2017, p.91.

내는 상징적 산물이다.[2] 이번 절에서는 문화 예술을 기반으로 하는 산업유산의 공간 재생 사례를 살펴본다.

1. 베이징 798 예술 지구

798 예술 지구는 베이징시 차오양朝陽구에 위치하며 면적은 약 60만㎡이다. 798 예술 지구는 50년대 초에 구소련과 동독의 기술 지원을 받아 건설된 718 연합공장으로 불리는 국영 공장 지대에 위치하고 있다. 90년대 들어 냉전이 종식되면서 군수 공장들이 순차적으로 철수하였고 706, 707, 751, 797, 798 등 6개 공장에 전자타운이 조성될 계획이었다.[3] 국유 기업의 개혁에 따라 연합공장에 속한 일부 공장들을 새롭게 통폐합해 칠성 화전 과학 기술 그룹七星華電散集團(칠성 그룹)으로 재탄생하였다. 칠성 그룹은 경제적 성과가 낮은 공장을 정리하면서, 798공장지대를 임대로 내놓는다. 이에 1995년 중앙미술대학교의 조소학과 교수가 저렴한 임대료로 798공장에 입주하면서 예술가들이 하나둘 모여들게 된다. 2000년대 초반부터 예술 스튜디오를 중심으로 회족식당, 제과점을 비롯해 화랑, 수공예품점, 서점이 들어서면서 본격적으로 예술 지구로 입지를 굳히게 된다. 2006년 베이징시가 798 예술 지구를 문화 창의 산업 지구로 지정

2 왕세학, 「근대산업유산의 재생을 통한 예술창의공간 디자인에 관한 연구」, 홍익대학교 석사학위논문, 2014, p.4.

3 왕발부 외, 「문화기반 산업유산 공간의 장소성 평가 연구-북경 798예술지구를 중심으로-」, 『한국실내디자인학회논문집』, 제 29권 제1호, 2017, p.104.

[그림 34] 베이징 798 예술 지구 www.798district.com

한 것을 계기로 도약의 시기를 맞게 되었다.[4] 특히 2004년부터 개최하고 있는 베이징 따산즈 국제예술제는 중국의 대표적인 예술 축제로 성장했다.

2008년 1월까지 프랑스, 이태리, 영국, 네덜란드, 벨기에, 독일, 일본, 오스트리아, 한국, 중국, 대만, 홍콩 등 국내외 지역에서 모인 400여 개의 화랑, 예술가 작업실 및 만화, 영상 매체, 출판, 디자인 자문을 비롯해 각종 문화 예술 단체가 들어오면서 비약적으로 성장하였다. 798 예술 지구의 발전에는 창의적이며 수준 높은 문화 예술이 매개가 된 이유가 크지만 공간의 접근성이 용이

4 한령,「베이징 798예술지구의 지속가능한 발전 방안 연구」,『글로벌문화콘텐츠』, 제12호, pp.165~168.

한 점도 한몫을 차지한다. 예술 지구를 거쳐 가는 지하철을 비롯하여 교통 체계가 편리하게 구축되어 있으며 수도공항 고속도로 및 징순로京顺路 등 주요 간선도로와 가까운 편이다. 또한 베이징 시내에서 공항으로 통할 때 꼭 거쳐야 하는 길목에 위치하고 있어 접근성도 뛰어나다. 또한, 차오양구는 각국 대사관이 모여 있는 지역이며, 중국의 대표적 예술 교육 기관인 중앙미술학원과 근접하다.[5] 다시 말해, 798 예술 지구의 성공은 지리적 접근성, 다양한 문화 생산자와 소비자의 수요와 공급이 어우러져 가능하였다고 할 수 있다.

2005년 개인 스튜디오 42개를 포함하여 106개로 구성되었던 예술 문화 공간은 2013년에는 410개로 확대되었다. 특히 갤러리는 34개에서 155개로 크게 증가하면서 중국 문화 예술의 전시 및 판매의 중심지가 되었다. 2007년 미국의 CNN방송을 통해 798 예술 지구는 만리장성에 버금가는 관광지로 소개된 이후 수많은 관광객이 모여드는 베이징시의 대표적인 랜드마크로 자리 잡았다.[6]

2. 영국 런던 트루먼 양조장

런던의 동쪽 브릭래인Brick Lane 인근에 트루먼 양조장Truman Brewery이 들어선 것은 대략 17세기 중반이다. 양조장은 18세기 런던에서 최대, 영국 전체에서는 두 번째로 큰 규모로 성장하였고, 한때 양조장의 인력만 1,000여 명을 넘

5 왕발부 외, 위의 논문, p.107.
6 왕발부, 윤지영, 「도시지역문화 활성화와 유휴산업공간의 재생디자인 연구-베이징 798예술지구를 중심으로-」, 『기초조형학연구』, 제17권 제1호, 2016, p.399.

[그림 35] 트루먼 양조장 www.mccormickroofing

었다고 한다. 건립 이래로 근 2백년간 시민의 사랑을 받아오다 2차 세계대전 이후 값싼 수입 맥주와 합병을 통해 몸집을 키운 공장 맥주의 공세를 견디지 못하고 급격히 쇠락하게 되었다. 결국 1989년에 완전히 폐쇄되었다. 1991년까지 3년여를 방치하였으나 양조장 건물 주변에 가난한 젊은 예술가들이 값싼 임대료를 찾아 모여들면서 가까스로 슬럼화를 면할 수 있었다고 한다. 이 일대에 방치되어 있는 빈 건물이 많다 보니 자연스럽게 생긴 현상이었다. 이렇게 모인 예술가들은 활발하게 교류하면서 침울했던 지역의 분위기를 완전히 바꾸어 놓기에 이른다. 자유분방한 예술가들은 설치미술 작품을 전시하고 벽화를 그려 넣으며 주변의 크고 작은 공장들은 캔버스와 미술관으로 변모하게 되었다. 하나 둘 지역에 들어온 예술가의 숫자는 어느덧 만 명이 넘어섰고 양조장 근처는 전국적인 주목을 받으며 영국 창조 산업의 메카로 떠오르게 되었다. 이곳은 데미안 허스트Damien Hirst, 제프 쿤스Jeff Koons와 같은 유명 작가들이 거쳐 간 것으로 알려져 있다.

영국에는 화력 발전소를 재생한 테이트모던미술관이나 가스 저장소가 탈바꿈한 킹스크로스의 아파트 건물 등 유휴 산업유산을 활용해 도시 재생에 성공한 사례가 많다. 트루먼 양조장도 그중 하나로, 비록 공장이었으나 빅토리아 시대(19세기-20세기 초)의 아치형 벽면과 같은 건축 양식을 차용하여 건축미가 고스란히 남아있었다. 뿐만 아니라 충분한 채광과 넓은 공간은 예술가들의 요구를 충족하였다. 이에, 건물의 고전미를 그대로 살리면서 동시에 예술가들의 필요에 따라 비교적 수월하게 개성 있는 리모델링이 이루어졌다.[7]

3. 독일 뒤스부르크 환경공원

뒤스부르크Duisburg는 독일 서부 지역의 루어Ruhr 지방에서 가장 인구(약 50만)가 많은 도시이다. 라인강과 루어강의 합류 지점에 위치하고 있다. 예로부터 수륙 교통의 중심지로 20개가 넘는 부두가 즐비한 유럽 제일의 내륙항으로서 산업화 시대를 선도했으며 특히 철강업을 중심으로 하는 산업도시로 성장했다. 그러나 독일 철강 산업의 쇠락으로 한때 도시를 이끌던 크고 작은 제철소들은 차례로 문을 닫기 시작했고 그중 최대 규모를 자랑하던 티센 제철소도 결국 다른 도시로 이전을 결정하면서 1985년 공장을 폐쇄하기로 한다. 그러나 오랫동안 공장을 통해 공동체를 형성하고 삶을 공유해 온 노동자들과 지역 주민들의 생각은 달랐다. 라인강의 기적이라 일컬어지던 경제 성장의 밑거름으로서 소임이 끝난 것처럼 보이던 이 제철소는 이들의 노력으로 전혀 다른 모습으로 재탄생하게 된다.

---

7 김화열, 박태원, 「산업유산의 재생을 통한 디자인문화공간 활성화 연구-해외사례와 국내 사례의 비교중심으로-」『한국디자인리서치』 제3권 제2호, 2018, p. 16.

[그림 36] 뒤스부르크 환경공원 위키피디아 ⓒ kaʁstn Disk/Cat

지역 주민들은 적극적으로 철거 위기에 처한 공장을 살리려 나섰고 지역 정부에서도 주민들의 목소리에 동참하는 움직임이 일어나게 되었다. 이런 상황에서 뒤스부르크가 위치하고 있는 노르트라인베스트팔렌주에서 계획한 공원 건축박람회는 루어 지역의 철강 산업과 탄광업의 쇠락으로 철거 위기에 처한 지역의 산업유산 재생이라는 광의적인 목표를 지향한 프로젝트였는데, 뒤스부르크의 변화를 이끌어 낼 수 있는 계기가 되었다. 이러한 분위기에 힘입어 뒤스부르크 티센 제철소는 자연 친화적인 환경공원으로 탈바꿈하게 된다. 1997년 문을 연 뒤스부르크 환경공원은 공장 시설을 최대한 살려 독특한 형태의 외형을 고스란히 보존하고 있다. 공장의 물자 운반을 위해 사용된 대형 파이프는 미끄럼틀로 단장했고, 철광석 저장 벙커는 암벽 등반 연습장으로 재탄생했다. 공원은 공장 시설들의 특성을 살려 물의 공원, 용광로 공원, 부스러기 공원, 철길 공원, 벙커 갤러리 등의 테마로 나뉘어 있다.

기존 설비는 알뜰하게 재활용했다. 예를 들면, 시커먼 연기를 하늘로 뿜어대던 굴뚝이 도시를 조망하는 전망대로, 우뚝 솟은 설비들은 그 사이를 강철로 연결하여 줄타기 연습장으로, 펄펄 끓던 용광로는 물을 가득 채운 스킨스쿠버장으로 바뀌었다.[8] 가스 저장 탱크에는 물을 가득 채워 유럽에서 가장 깊은 다이빙 센터를 만들었으며 공장 사무실은 유스호스텔로 사용하고, 가스 엔진이 있었던 자리는 컨벤션센터가 들어섰다.[9] 역사성을 지닌 건축물을 철거한다면 그 건물이 가진 수많은 사람들의 추억도 함께 사라진다. 환경공원을 찾는 관광객의 숫자는 매년 70만 명을 넘어서는데 옛것을 없애고 새로운 가치를 이식하는 것이 아니라 현대에 맞게 지혜롭게 바꾸는 것이 최고의 선택임을 보여주는 지표라 할 수 있다.[10] 뒤스부르크 환경공원은 시민들이 공공의 기억 속에서 환경과 미래에 대한 비전까지 공유할 수 있는 역사의 장으로서 과거 독일 산업의 첨병에서 환경 지킴이로 두 마리의 토끼를 잡은 성공 사례라 하겠다.

4. 강원도 태백탄광역사촌

태백시는 한반도의 척추인 백두대간의 태백산맥의 줄기에 자리하고 있다. 예로부터 천혜의 자연환경을 뽐내며 북한강과 남한강의 지류인 섬강·소양강·동강 등으로 사방을 잇는 물길과 산길이 발달하였다. 금강산에서 발원한 북한

8 조희, 「산업유산은 지금 변신중 '시민의 품으로 돌아온 재활용 생태공원'」『디자인스토리』, 2014년 7월 14일.

9 김학중, 「독일 뒤스부르크의 환경공원-환경과 공공의 기억을 지키는 방식-」, 『월간 주민자치』, 32, 2014, pp. 103~105.

10 김미리, 최보윤, 『세계디자인도시를 가다』, 알에이치코리아, 2012, pp. 80~82.

강과 태백산에서 시작한 남한강은 제각기 한강(경강)으로 흘러들며 한반도의 중부를 가로지르고 있다. 또한 태백 동쪽으로는 동해와 맞닿아 있으며, 남북 2천 리의 동해안 길이 펼쳐진다. 높고 험한 대관령을 넘어 동쪽으로는 남북을 연결하는 해안 길과 바닷길이 열려 있다. 이런 이유로 태백은 백두대간과 남한강·북한강, 그리고 동해안 일대를 아우르는 생활권의 정점을 이루며, 예로부터 우리 역사와 문화의 터전이 되어 왔다.[11]

근현대에 들어와서 태백은 시로 승격된 1981년 당시 인구수는 114,095명으로 출발해서 1987년 12만 명을 기록한 적도 있었지만 이후 계속해서 인구가 감소하였다. 1994년에는 정점기의 절반에도 못 미치는 6만 8천여 명 수준에 머물렀는데, 이러한 인구 감소는 지역의 주요 산업인 석탄 산업의 쇠퇴로 인한 결과였다. 폐광으로 인한 근로자의 전출, 이에 따른 지역 경기 침체는 여러 측면에서 지역 사회에 후유증을 남겼다. 특히 87년 정부의 석탄 산업 합리화 조치 이후 탄광촌의 쇠락은 더욱 가속화했는데, 태백시 철암동도 예외는 아니었다.

철암탄광촌이 형성된 것은 1932년 설립된 삼척탄광에서 채굴한 석탄의 운송을 위해 철암역에 철도가 놓인 후부터라고 할 수 있다. 탄광촌 바로 앞을 지나는 철암역은 영동선의 철도역으로 지금은 그 위상이 많이 낮아졌으나 철암 최대의 탄광이었던 강원산업이 건재할 때에는 이곳에서 생산한 무연탄을 전국으로 배송하는 역할을 하던 큰 역이었다. 7, 80년대 이 역 주변 철암천을 따라 건물이 빼곡히 들어서고 하천까지 확장해야 할 만큼 근로자로 북적였지만 90년대 초부터 일자리를 찾아 떠나고 방치된 빈집과 광원들의 사택과 폐쇄된 광

11 홍영의, 「태백문화권의 형성과정-태백문화권은 어떻게 형성되었는가-」, 『강원문화연구』 제57집, 2018, p.60.

업소는 지역 미관을 해치는 실정이었다.[12] 이런 가운데 1990년대 후반부터 지역 운동가들과 건축가들이 힘을 합쳐 철암동을 에코뮤지엄 형태의 관광지로 만들기 위한 계획을 세웠다. 다시 말해, 마을 전체를 인문, 자연환경과 함께 하나의 야외 박물관으로 만든다는 계획이다.[13]

철암탄광역사촌에 남아 있는 까치발 건물들은 페리카나 치킨, 호남슈퍼, 진주성, 봉화식당, 한양다방 등은 탄광촌 주민들의 생활사를 연출한 생활사박물관, 기념품점, 복합문화 공간, 아트하우스 등으로 운영되고 있다. 갤러리의 간판은 '젊음의 양지 단란주점,' 생활사박물관의 겉모습은 화장품과 잡화를 파는 '미백,' 금은방인 '제일방' 등 내부만 리모델링했기 때문에 당시의 외관은 그대로 남아 있다.[14] 철암역 주변 선탄장은 1999년 안성기, 박중훈 주연의 영화 〈인정사정 볼 것 없다〉의 촬영지로 유명하다. 탄광역사촌이 시작점에 위치한 플리마켓에서는 아기자기한 수공예품, 지역 특산물, 간단한 먹거리 등을 판매하며 관광객을 위한 체험 프로그램도 운영한다.

〈철암그리기〉는 외부 방문자가 중심이 되어 철암이라는 공적 공간에서 미술 활동을 하는 공공미술 프로젝트이다. 외부자의 예술적 동기에서 시작하였지만 지속적으로 지역 사회 이슈에 관심을 갖고 참여하고 있다.[15] 태백에는 탄광

---

12 김만재, 「탄광도시의 성장과 쇠퇴: 태백시의 사례연구」, 『한국지역개발학회지』, 제8권 제2호, 1996, pp.6~7,

13 진종헌, 「산업유산과 지역발전에 대한 문화지리학적 연구-태백시 철암지역을 사례로-」, 『국토지리학회지』, 제46권 제3호, 2012, pp.292~293.

14 편집부, 「탄광촌의 흔적, 역사와 문화가 되다: 태백 철암탄광역사촌」, 『도시계획가』, 3권 2호, 2016, pp.32~33.

15 심현섭, 「공공미술 프로젝트 〈철암그리기〉의 한계와 지속가능성」, 『한국예술연구』, 2018, 제19호, pp.74~75.

[그림 37] 철암탄광역사촌 안내판 www.gangwon.to

역사촌 이외 탄광 역사와 광원들의 작업 환경을 한눈에 볼 수 있게 조성된 곳이 몇 곳 있다. 그중 동양 최대 규모인 태백석탄박물관은 우리나라에서 검은 진주라 불리는 석탄이 처음 채굴된 시점을 기준으로 석탄의 변천사와 역할 등 역사적 사실을 한곳에 모았으며 탄광의 변천사를 한눈에 볼 수 있는 역사 교육의 장이다. 폐광된 실제 탄광 사무소에 재현된 탄광 체험 공원은 현장학습관과 탄광 사택촌, 체험 갱도 등의 시설로 구성되어 있어 생생한 탄광 체험이 가능하다.[16] 탄광역사촌과 더불어 우리나라의 산업화 시대를 체험할 수 있는 곳으로 지역의 역사성, 정체성 보존이라는 관점에서 가치가 높은 곳들이다. 2022년 하반기 정선의 탄광문화공원이 문을 열게 되면 탄광 지역 관광 벨트화를 통해 어느 정도의 시너지 효과를 기대할 수 있으나 한편으로는 콘텐츠를 어떻게 차별화할 것인지 방안을 모색해야 하는 난제를 안고 있다.

16 태백시청 태백관광홈페이지, www.tour.taebaek.go.kr, 검색일자: 2020년 7월 20일.

제3장

도시 재생

재개발이나 재건축이 물리적 정비에 치중한다면 도시 재생이란 '인구의 감소, 산업 구조의 변화, 도시의 무분별한 확장, 주거 환경의 노후화 등으로 쇠퇴하는 도시를 지역 역량의 강화, 새로운 기능의 도입 창출 및 지역자원의 활용을 통하여 경제적 사회적 물리적 환경적으로 활성화시키는 것'을 의미한다(도시 재생 활성화 및 지원에 관한 특별법 제2조 제1항 제1호). 다시 말해, 도시 재생은 도시개발사업의 종합적 형태라 할 수 있다. 우리나라는 2013년 원도심의 노후화와 지속적인 인구 감소로 각종 문제를 안고 있는 도시 환경의 개선을 위해 관련법을 제정하고, 경제기반형, 근린재생형,[1] 도시 재생 과정을 문화콘텐츠로 채우고 문화적 전개와 결과, 효과를 도출하는 문화적 재생형[2] 등 지역의 상황을 고려하여 여러 유형의 도시 재생을 진행해 왔다. 도시의 형성 배경, 주요 산업, 인구사회학적 요소 등을 고려하면 도시 재생의 목표는 국가마다 다를 수밖에 없다. 산업 혁명의 핵심 국가로서 일찍이 산업화, 도시화 과정을 겪었던 영국의 도시 재

1 강문수,「우리나라 도시재생사업의 현황과 도시재생법의 개정방향」,『한국토지공법학회 제112회 학술대회집』, 2018, pp.37~38.

2 조명래,「문화적 도시재생과 공공성의 회복-한국적 도시재생에 관한 비판적 성찰」,『공간과 사회』, 제21권 제3호, 2011, p.44.

생 정책은 80년대 산업 구조 변화로 인한 경기 침체와 이에 따른 도시 쇠퇴에 대응하기 위해 출발하였다. 이는 쇠퇴 지역에 대한 개별적 문제 해결식 처방이 아니라, 도시 전체의 발전을 위한 전략적 계획하에서 공공과 민간의 파트너십을 전제로 해당 지역의 경제, 사회, 환경적 상태를 지속적으로 개선하는 통합적 시도라 할 수 있다.[3] 같은 맥락에서 실제 이 저서에서 소개하고 있는 다수의 지역들은 도시 재생의 목표와 유사하거나 상당한 교집합이 발견되는 개발 방식을 채택하였다. 이번 절에서는 이런 시도가 어떤 방식으로 우리의 도시들을 개선하며 그 안에 담겨있는 역사와 문화정체성을 보존할 수 있는지 국내외 사례를 통해 살펴보려 한다.

1. 태국 치앙마이

태국 북부의 최대 도시이자 아름다운 관광지와 고유한 문화가 조화를 이루는 치앙마이는 90년대까지만 해도 급속한 도시화로 인해 고비용의 공공 인프라와 에너지자원을 과도하게 소비하는 건물들, 접근성이 떨어지는 건물군, 난개발, 환경 오염 등으로 몸살을 앓았던 전형적인 대도시였다. 즉, 도시의 성장과 변화가 이 지역의 전통문화와 자연환경을 훼손하는 데 일조한 셈이다. 치앙마이는 동쪽에는 큰 강이 흐르고, 도시 전체를 둘러싸는 성곽을 기본으로 형성된 도시이다. 18세기엔 큰 재앙을 겪고 한동안 버려진 채 남아 있었으나 19세

3 양재섭, 「도시재생정책의 국제비교 연구-영국과 일본을 중심으로-」, 서울연구원, 2006, pp.39~43.

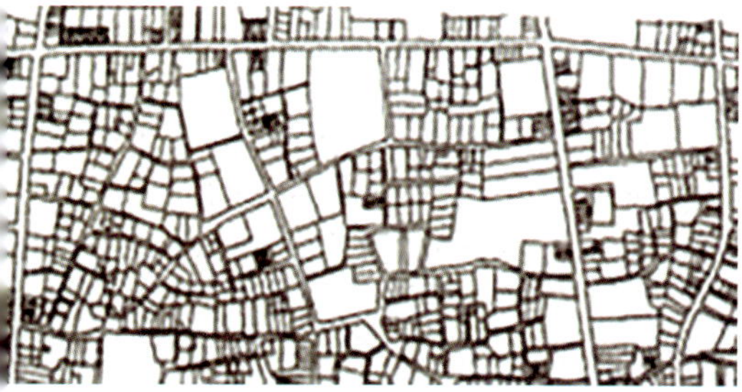

[그림 38] 고밀도의 불규칙한 성곽 지구 체계

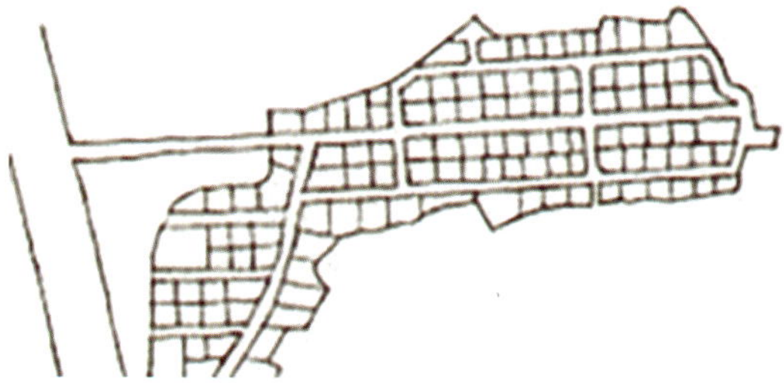

[그림 39] 신도시 저밀도 지구

기 다시 인구가 늘기 시작하였고 1950년대에는 이미 성곽 안쪽의 도시화가 급속히 진행되었다. 1978년 도시 고속도로가 완공되고 지금의 도시 모습을 갖추게 되었다. 란나Lan Na 왕국의 수도이자 13세기부터 형성된 고도古都인 만큼 문화유산이 곳곳에 산재해 있다. 도시를 에워싸고 있는 성곽의 안팎은 성벽과 해자垓子[4]로 구분되는데, 성곽 바깥쪽에 주로 주거 및 상업지가 발달해 있다.

2000년대부터 본격적으로 출범한 도시 재생 사업에서 치앙마이 고유의 주거 문화, 예를 들면, 바닥을 높여 건물을 올리는 형식의 목조 건축 전통을 살리면서 효율을 높이기 위해 보존과 개선이 적절히 어우러지는 방식의 도시 재생 목표를 설정하였다. 도심부는 문화유산을 보호하고 주변 환경과의 조화를 위해 저밀도의 전통 건축 방식의 소규모 대지와 작은 면적의 건물로 디자인하였으며 도시 외곽에는 고층의 첨단 건물들을 집중적으로 개발하는[5] 투트랙 전략을 사용하였다.

4 적의 침입을 막기 위해 성 주위를 파서 경계로 삼은 물구덩이로 호성하(護城河)라고 불리기도 한다.

5 Scheer, B. and Scheer, D., "Towards a Sustainable Urban Form in Chiang Mai," in Managing the Development of Intermediate Size Cities, edited by Michael Romanos and Chris Ausffrey, Dordrecht: Kluwer Academic Publishing, 2002, pp.253~272.

치앙마이는 도시 자체가 거대한 역사문화자원이라 해도 과언이 아닐 정도로 고유의 전통문화를 간직하고 있으며 도시 재생을 통해 보존과 개발에 성공한 도시로서 관광친화적이면서 지역민의 만족도도 높은 도시이다. 란나 왕국의 문화전통을 전승한 다양한 수공예품과 부가 가치가 높은 보석 가공 기술은 세계적으로 명성을 얻고 있다. 2020년 팬데믹 이후 심신의 균형을 회복하는 힐링 관광을 테마로 골프 여행이나 트래킹과 쇼핑을 연계한 상품을 집중적으로 홍보하고 있다. 특히 치유와 휴식을 목적으로 하는 케어리조트는 은퇴자를 위해 장단기 투숙이 가능하며 혈압, 혈당 체크 등의 기본적인 건강 검진을 받을 수 있다. 스파, 네일숍, 수영장, 사우나, 피트니스 시설, 도서관, 식당, 게임룸 등 건강 관리와 레크리에이션 활동을 할 수 있는 시설이 완비되어 있으며 100여 명의 스태프와 간병인, 간호사 등 의료 인력인 1 대 1 지원을 한다. 케어리조트가 직접적인 건강 관리에 치중한다면 지룽 건강 마을Jirung Health Village은 자연친화적인 체험을 원하는 관광객을 위한 곳이다. 태국 전통 의학을 바탕으로 한 스파, 마사지, 명상 시설 등을 운영하고 있으며 건강한 식단으로 몸의 밸런스를 찾아가는 것을 목표로 한다. 라나 문화나 꽃 테라피 등을 주제로 한 강좌도 제공한다.[6]

6 유지윤, 「힐링연계 고부가가치 웰니스 리조트 해외탐방-태국, 치앙마이 지역을 중심으로-」『한국관광정책』 78호, 2019, pp. 120~122.

2. 호주 시드니

호주의 아름다운 해변 도시 시드니의 도시 재생 프로젝트로, 세계적으로 유명한 해양 레저 및 휴양지인 달링하버가 있다. 달링하버는 100년 전까지만 해도 대규모 공업 지대로서 상업과 경제의 중심지였으나 시설의 노후화와 운송수단의 변화에 따라 항만의 기능을 점차 상실하게 되면서 쇠락하게 된다. 1984년 뉴사우스웨일즈 주정부는 '달링하버를 시민에게 돌려주자'는 슬로건을 내걸고 달링하버의 재생을 위해 위원회를 구성하는 등 관련 정책을 추진하게 된다.

달링하버 재생에 최고의 결과를 도출하기 위해 주정부가 세운 목표는 다음과 같다.

혼합 개발 방식을 수용하여 수변에 18,000평의 공공 부지를 확보함으로써 주요 건물의 설계를 수월하게 할 수 있도록 하고, 조망권의 사유화를 방지하기 위해 건축물의 높이를 규제했다. 수변과 도심의 급격한 스카이라인 차이를 지양하고자 수변 공간과 인접한 지역에는 저층의 건축물을 배치하였고 그 배후에는 고층 건물을 배치하였다. 또한 보행 중심의 친수 공간을 두었다. 모든 수변 공간에는 산책로를 우선적으로 조성하여 보행자를 위한 공간으로 설계하였다. 그리고 산책로 주변에는 쇼핑 센터, 카페, 레스토랑, 수족관 등의 상업 시설과 녹지 공간을 배치하여 공공의 이용을 제고하였다. 대규모 마스터플랜부터 건물, 공원, 그리고 세부 디테일까지 디자인에 많은 관심을 쏟았다. 특히 획일 경관을 배제한 하버 인근 건물들은 독특하고 특색 있게 설계되었고 건물 간 접근성이 높다. 새로 지어지는 건물은 최고 수준의 기준을 충족하도록 보장하고 관리하였다. 건물의 질적 수준이 높고 수역, 공원, 산책로도 잘 정비하였다.

[그림 40] 달링스퀘어 https://www.darlingsq.com/

시내와 달링하버를 연결하는 별도의 교통 시설(모노레일 등)도 편리하게 설계되어 있다. 또한 관광, 교육, 오락, 문화 및 상업 시설은 각각의 용도에 맞게 건물의 규모와 시설을 다양하게 배치할 수 있게 하고 지역민과 공정한 협의를 통해 공공 영역을 개선하였다.[7] 예를 들면, 상업 공간을 조성할 때 얻을 수 있는 이익을 과감히 포기하고 컨벤션 센터 인근에 큰 규모의 어린이 놀이터를 조성하였다. 달링하버는 모든 이에게 열려 있는 높은 개방성을 바탕으로 연간 2,500만 명이 넘는 관광객이 방문했고 그중 60%가 시드니 시민인 것으로 조사돼, 지역민이 사랑하는 도시 공간임을 증명했다.[8] 사람이 중심이 된 달링하버 재개발 프로젝트는 1988년 공식 개장 후 연중 다양한 행사와 차별화된 이벤트 개최를 관광 상품화하여 2015년 현재 2억 명 이상의 방문객을 수용하는 기록을 세웠다.[9]

7 "Darling Harbour Urban Form Strategy," www.majorprojects.planningportal.nsw.gov.au, 2016, p.32. 검색일자: 2020년 8월 4일.

8 문지희, 배서현, 「알게줄게 해외도시-Sydney in Australia」, 부산광역시도시재생지원센터, http://www.urcb.or.kr/web/board/view.do?mId=58&brdIdx=27, 검색일자: 2020년 8월 4일.

9 「호주도시재생사례연구-사례조사 3. 해양 위락 지구재생사업」, 도시재생종합정보체계, 2015, pp.65~72.

3. 터키 가지오만파사 지구

1999년 리히터 규모 7.1의 대지진은 터키 정부가 이스탄불을 비롯한 구도시들의 도시 재생이 더 이상 미룰 수 없는 당면한 목표임을 깨닫게 되는 계기가 되었다. 이런 분위기를 타고, 이스탄불의 가지오만파사 지구Gaziomanpasa district는 터키에서 가장 큰 규모의 도시 재생 프로젝트가 시행된 지역이다. 가지오만파사 지구는 도심과 가깝고 도시교통망이 잘 연계되어 있으며 보스포러스 해협Bosphorus Strait을 잇는 다리도 인접해 있다. 가지오만파사 지구의 현황은 다음과 같다.

[표 12] 가지오만파사 현황

면적	1,173h.(11.73km²)
인구	500,000
빌딩 수	31,315
거리	1,581
주택 수	164,133
기업 수	27,596
총 건설 면적	14,175km²

이스탄불 수도권 환경조직기획안environmental organization planning에서 일반 목표는 거의 동일하다. 첫째, 도심, 산업 지역의 분권화 및 효율적인 교통망을 구축하는 것이다. 가지오만파사의 지속 가능한 생활 체계와 생태계를 지원한다. 두 번째, 자연재해의 피해를 줄일 수 있는 방재 의식을 갖추고 도시의 역사적, 문화적 가치에 부응하는 개발이 되어야 한다. 셋째, 생활 공간의 효율성을

높이고 환경 오염을 방지하는 것이다.

2012년 도시 재생법Urban Regeneration Law이 제정되기 이전 가지오만파사 지구는 이스탄불에서 가장 북적이는 지역이었다. 지금도 서울시 종로구의 절반도 채 되지 않는 좁은 면적에 인구수는 종로구보다도 약 3배가 더 많다. 2000년대 중반부터 이 지역은 미숙련, 저소득층 노동자들이 모여들면서 급속도로 인구가 늘었고 인프라 부족, 취약한 공공 위생, 범죄율 증가 등 다음과 같은 각종 사회 문제에 직면하게 되었다.[10]

- 경제적으로 활력을 잃은 노후한 주거 지역.
- 지역민의 요구 사항을 해결할 수 있는 공공 영역의 능력 부재.
- 횡단면이 짧고 교통 수요를 감당할 수 없는 교통 체계.
- 불법적이고 노후한 불량 주택가.
- 지역 내 산업 지구의 분산 필요성 대두.

전술한 사회 문제를 해소하고 주거 환경을 개선하기 위한 2005년부터 가지오만파사 지구의 주거 정비 계획이 마련되었고, 2012년 관련 법령이 제정되면서 본격적인 도시 재생 프로젝트가 가동된다. 여기에는 지역 주민, 이스탄불시, 그리고 시 정부와 협력 관계인 고파스 기업GOPAS 등 세 개의 주체가 주도하였다. 시 당국은 도시 재생 프로세스 전반을 관리하고, 지역민은 직접적인 참여를, 그리고 고파스는 투자자 사이에 원활한 네트워킹을 수립하고 동시에 도

10 Tut, Ozlem et al., "Urban Regeneration and Renewal: A Case Study of Gaziomanpasa Municipality in Istanbul," CIB World Building Congress, 2015, p. 1627.

[그림 41] 가지오만파사 지구의 그린 조경 www.yeniakit.com.tr

시 재생 과정에서 나타날 수 있는 갈등 해결이나 기획 변경 등에 대한 지속적인 피드백을 제공하였다.

그 결과 도시 재생 초기부터 2020년 현재 지구 내 1,684곳의 건물이 완공되기까지 1,378채의 건물이 소개되거나 철거되었다. 이 과정에서 협의에 직간접적으로 참여한 사람들의 숫자는 2,809명에 달했다. 이 거대한 프로젝트는 여전히 진행 중으로, 총예산은 무려 230억 달러(27조 2천 665억 원) 이상이 소요될 것으로 예상되고 있다.

가지오만파사 지구는 지자체의 다른 부서와 지역 내 5개의 현장 사무소와의 협업을 통해 도시 재생 프로세스를 구현할 수 있었다. 이로써 거주 환경이 가장 열악했던 곳의 하나였던 이 지역에는 긍정적인 변화가 일어나기 시작했다. 교육 분야는 58%까지 증가하게 되고 문화 예술 지구는 전체 면적의 4%까지 늘어난다. 친환경 녹지 확보도 가능해져서 녹지 공간은 최대 114%까지 증가했다.

공공 보건 분야도 개선되었다. 뿐만 아니라 고밀도 주거 지역의 최대 현안 중 하나였던 주차 공간을 최대 382%나 확보했다. 대규모 주차장의 상부에는 어린이 놀이터, 녹지 및 시민을 위한 휴식 공간이 조성되었다. 재생 지구 내 모든 건물은 터키의 에너지 효율 규정을 채택하여 지어진다. 친환경 에너지 사용을 위해 태양광 패널 시스템을 도입하여 탄소 배출을 줄였다. 우수雨水 집합 시스템을 활용해 재활용한 빗물은 조경 및 녹지 공간에서 재사용된다.[11]

11 Usta, Hasan T., et al., "Urban Regeneration Projects in Istanbul: Gaziosmanpaşa Case," FIG Working Week Proceedings, 2015, pp. 1~18.

제4장

길

길은 보통 이동의 수단으로 만들어진 형이하학적 개념으로 간주하지만 이런 구체적 공간 개념과 함께 '명장은 한길만 걷는다거나 길이 아니면 가지 않는다'와 같은 표현에서 보듯이 개인의 삶이나 사회적, 역사적 발전 따위가 전개되는 과정을 의미하는 형이상학적 개념도 포함한다. 한자로 길을 의미하는 '도道'는 동양 철학의 정수로서 우주 만물의 원리와 동일시 여겨지는 개념이기도 하다. 이러한 맥락에서 길은 정치, 경제, 문화 전파의 통로로서 집단 간, 개인 간 상호작용을 가능하게 하는 매개체와 다르지 않다. 길을 중심으로 전파된 수많은 이야기나 문화유산은 박제된 박물관이 아니라 길이라는 개방적인 공간에서 적극적으로 활용된다. 탐방을 목적으로 하는 길은 체험하고 이해하는 신중한 활동이라는 의미를 내포한다. 구체적으로 문화체육관광부는 이러한 문화 탐방로를 가리켜 아름다운 자연과 문화, 역사자원을 특성 있는 이야기로 엮어 국내외 탐방객이 느끼고 배우고 체험할 수 있는 걷기 중심의 길로 규정하고 있다.[1]

우리나라도 2007년 제주도 올레길이 처음으로 문을 연 이후 전국적으로 수

1 이상열, 「역사문화로 개발 실태 및 활성화 방안」, 한국문화관광연구원, 2014, p.20.

많은 '길'이 만들어지거나 복원되었다. 이번 절에서는 힐링 열풍과 함께 걷기라는 행위와 문화탐방이라는 체험이 결합해 지역의 문화유산을 홍보하고 지역경제 활성화 측면에서도 성공하고 있는 국내외 도보 여행길을 살펴본다.

1. 독일 고성가도

독일에는 1936년에 와인가도가 생겨난 이래, 차츰 문화관광가도에 대한 관심이 늘어나면서 2000년 무렵에는 146개에 달하는 문화관광가도가 독일 관광청에 의해서 지정되어 있었다. 이들 가도는 테마별로 지자체를 연계하여 운영되며, 그중 동화가도, 로맨틱가도, 메르헨가도, 괴테가도, 판타스틱가도, 에리카가도, 알펜가도, 고성가도 등의 테마가도가 잘 알려져 있다. 독일의 문화관광가도는 옛길이나 역사문화자원을 연결하여 관광자원화하고 있다. 한 예로, 작센-안할트Sachsen-Anhalt주는 로마네스크 가도의 1차 목표를 지역 관광 재원 확충, 관광 수입 극대화, 문화자원 전승 등으로, 2차 목표를 관광 지역의 생활의 질 향상, 관광 기회의 제공 확대 및 관광 동기 부여, 관광객 수용 태세 개선, 고유 민속문화의 보존 및 개발로 설정하였다. 이 가도는 작센-안할트주의 60여 지점에 산재한 72개의 로마네스크 양식 건축물을 연결하여 네트워킹하였다. 광역 단위에서 개발되어 자동차 이동이 기본적이지만 구간에 따라서 배, 기차 및 버스 여행이나 걷기와 같이 다양한 방식으로 이동할 수 있다.

독일 남부의 고성들을 탐방할 수 있는 고성가도는 체코의 프라하성과 독일의 만하임Manheim의 성을 잇는 가도로서 1954년 3월 협동조합으로 시작해서

94년 프라하성까지 연장하여 운영된다. 길이는 무려 1,100km에 달하며 전체 고성들을 보기 위해서는 일주일 이상의 시간이 필요하다. 각 성마다 독특한 건축 양식과 지역문화를 가지고 있어 중세의 건축 양식과 지역 풍물을 이동하면서 감상할 수 있다.

독일의 고성가도는 고성을 활용하지만, 고성과 마을, 유적에 전하는 역사적·문화적 이야기를 발굴하고 이를 유기적으로 연결하여 거대한 노선을 개발하여 다양한 탐방 프로그램을 수립하고 있다. 고성가도 주변에는 각지에서 모여든 캠핑족을 위한 캠핑장이 운영된다. 어린이를 위한 안내 및 해설 프로그램을 운영하며 놀이터와 공연장도 따로 마련하고 있다. 독일 고성가도는 고성가도협회라는 관련 협의체가 구성되어 체계적인 관리·운영이 이루어지고 있다.

또한 지역만의 스토리텔링을 활용하여 장소성을 극대화한 프로그램을 개발하고 관광객을 끄는 곳도 많다. 예를 들어, 인구 6,200여 명의 작은 도시 노이엔슈타인Neuenstein은 성 내부를 박물관으로 활용하면서 매년 여름에 성안에서 음악회를 개최한다.

넥카게뮨트Neckargemünd는 신석기 시대의 유물이 출토되는, 유럽에서 가장 오래된 도시로서, 과거 와인 교역이 지역의 주요 산업이었는데, 지금도 이 지역의 와인 마켓은 와인 애호가들이 꼭 들러 보는 곳의 하나이다. 중세부터 사용되어 온 꾸불꾸불한 골목길과 반목조 건물들은 고풍스러운 느낌을 더해준다. 넥카게뮨트를 흐르는 네카강의 절경을 유람하는 시티 투어는 동화 속 풍경을 떠올리게 하는 인기 높은 관광 프로그램이다. 지역에 전승되는 이야기들로 야외 공연이 펼쳐지며 한여름에는 전통 축제, 특정 주제의 영화를 상영하는 이벤

[그림 43] 넥카뮨드의 딜스베르크성의 정문
https://www.burgenstrasse.de/uk/Castles-and-Palaces/Tour-1/Neckargemuend.html

트[2] 등이 열린다. 우리나라의 길 개발은 도보에 집중되고 있는 데 반해 독일의 고성가도는 탐방객의 선호나 지역적 특성에 따라서 다양한 이동 수단을 활용할 수 있도록 배려한다는 점에서 향후 새로운 탐방로 수립에 적용 가능한 사례라 하겠다.

2 코비드19가 강타한 2020년 7월에는 기후변화를 주제로 한 영화를 상영한 바 있다.

2. 스페인 돈키호테길

스페인의 문호 세르반테스Cervantes(1547~1616)의 대표작인 『돈키호테』만큼 시대를 초월하여 사랑받고 있는 문학 작품의 주인공도 흔치 않을 것이다. 엉뚱하면서도 해학이 넘치는 작품 속 돈키호테는 망상가로 해석되기보다는 현실과의 타협을 거부한 채 고정 관념을 타파하고 도전하는 삶을 실천하는 새로운 의미의 영웅으로 부각되었다.[3] 그런 점에서 돈키호테는 누구나 젊은 시절 품었던 가슴속의 열정을 되살리고 대리 만족을 주는 존재로 영원히 살아 있다. 스페인의 돈키호테길을 따라가다 보면, 어느새 혼자만의 이상에 빠져 풍차를 향해 돌진하고 여관의 종업원을 돌시네아 공주라고 부르는 돈키호테의 순수한 낭만을 느낄 수 있다. 스페인 남부 카스티야 라만차는 돈키호테와 산초 판자의 작품 속 고향이나 다름없다. 신비로운 전설이 깃들어 있는 목가적인 풍광, 지역 고유의 풍습, 잘 익은 와인과 치즈가 관광객을 유혹하는 곳이기도 하다.

돈키호테길은 알칼라 데 에나레스Alcalá de Henares, 마드리드Madrid, 톨레도Toledo, 시우다드레알Ciudad Real을 포함해 13곳을 지나간다. 이 길의 기점인 알칼라 데 에나레스는 타운 전체가 세계유산으로 등재된 역사문화도시로서 16세기 17세기에 지어진 오래된 건축물이 고고한 자태를 뽐낸다. 이곳은 세르반테스가 태어나 어린 시절을 보낸 곳으로, 그의 생가는 현재 박물관으로 변모하였다. 돈키호테가 거인으로 착각해 결투를 벌인 풍차들이 캄포Campo의 언덕을 따라 줄지어 서 있다. 엘 토보소El Toboso에는 돈키호테의 연인 돌시네아의 집

3 김현정,「돈키호테에 나타난 카니발 축제의 전통과 그 의미」,『중남미연구』 제24권 제2호, 2006, p.350.

[그림 43] 캄포에 있는 풍차들 위키피디아 © M.Peinado

도 둘러볼 수 있다. 한때 세르반테스는 아르가마시야 데 알바Argamasilla de Alba 마을 교도소에 수감되었는데, 아이러니하게도 그는 이 기간 동안 소설 돈키호테를 썼다고 한다. 말하자면 세계적인 걸작의 탄생에 이 마을 교도소가 영감을 주었다고 하겠다. 새파란 물감이 떨어질 듯 맑고 푸른 하늘과 자연환경, 맛있는 음식, 다양한 식생은 돈키호테길의 또 다른 매력이다. 스페인 관광청에 따르면, 돈키호테길은 자동차나 기차로 둘러볼 수 있는데, 기동성이 큰 자동차 여행을 권장하고 있으며, 돈키호테길을 두루 보려면 최소 약 7일이 소요되는 것으로 추산하고 있다.[4]

4 스페인 관광청 공식 홈페이지, www.spain.info, 검색일자: 2020년 7월 24일.

3. 미국 보스턴 프리덤길

미국 동부 보스턴의 프리덤길Freedom Trail은 지역에 흩어져 있는 미국 혁명과 관련된 역사 유적지를 연계하는 역사문화 탐방로로, 일부 문헌에는 '58년 지역신문 기자인 윌리엄 스코필드William Schofield가 건국 초기 미국의 독립을 위해 싸웠던 애국지사들의 발자취를 시민과 방문객들에게 효과적으로 보여주기 위해 역사탐방로를 제안했다고 나와 있다. 한편 프리덤길 공식 홈페이지www.thefreedomtrail.org에는 1951년도에 보스턴 시민들이 보존한 길로 설명되어 있다. 무엇이 정확하든 50년대 초반부터 후반까지 지역민들의 노력에 의해 탄생한 길이라는 것은 분명하다고 하겠다.

매년 4백만 명이 넘는 관광객들이 보스턴 프리덤길을 따라 17세기부터 19세기 당시 미국 독립과 건국의 역사적 궤적을 둘러보고 있다. 이 노선은 보스턴 코먼Boston Common광장 관광 안내소를 시작으로 매사추세츠 주의회, 다운타운의 상업 중심가, 쇼핑 센터, 유서 깊은 파뉴일홀Faneuil Hall, 노스엔드North End를 지나 찰스타운Charlstown에서 끝나는데, 이 일대에 산재해 있는 16개의 역사문화자원을 연결하고 있다. 미국의 넓은 영토를 고려하면, 매우 제한된 장소에 유적지가 밀집해 있는 형태의 비교적 좁고 짧은 거리인 약 4km(2.5mile)를 포함한다. 프리덤길의 트레이드마크와 다름없는 붉은 색깔의 표지판[5]을 따라가다 보면, 당연히 길을 잃을 가능성도 희박하다. 미국 독립을 전후하여 수집한 독특한 전시물을 소장하고 있는 박물관들과 오래된 교회 건물, 보스턴 차tea 사건

5 프리덤길을 따라 붉은색 노면표지(도로폭 약 30cm)를 설치하여 도보 관광객의 이동을 지원하는 시스템으로 보스턴 도보관광 안내 체계의 가장 특징적인 요소이다.

(1773년)이 촉발되기 전 주민들이 모여 울분을 토로했던 타운 미팅의 장소로 쓰인 마을 회의실, 공동묘지, 공원 등 저마다 역사적 이야기를 담고 있는 장소들과 마주할 수 있다.

뿐만 아니라 관광객을 위한 관광 안내소, 잠시 쉬어갈 수 있는 휴게 공원 및 화장실 등의 편의 시설도 조성되어 있다. 프리덤길의 공식 슬로건 "Walk into History(역사 속으로 걷다)"의 문구에는 수 세기 전 미국 역사의 태동을 지켜본 보스턴 지역의 역사문화자원에 대한 미국인들의 자부심과 애착이 고스란히 담겨 있다.

프리덤길은 미국이 영국으로부터 독립하여 자유를 쟁취하게 되는 역사적 사건인 보스턴 차 사건과 관련하여 보스턴 항구와 그 주변 지역의 역사적 흔적을 잘 보전하면서, 지역을 내방하는 관광객들이 유적들의 의미와 보스턴의 역사에 대한 이해를 돕는 관광 상품이다. 보스턴의 전통 인물 캐릭터 복장을 한 프리덤길 플레이어player로 불리는 해설사가 동행하면서 지역 안내를 담당한다. 이 외에도 각 장소의 정보가 입력된 소형 라디오를 대여해주는 오디오 투어, 무궤도 자동차를 이용한 투어 등 다양한 형태의 해설 안내 프로그램이 제공된다.

사업의 관리 및 운영 주체는 보스턴 내 특정 지역의 역사문화유적지를 보호하기 위해 설치된 프리덤 트레일 재단FTF, The Freedom Trail Foundation에서 하고 있는데, 이 단체는 1964년 비영리조직으로 설립되었다. 1992년까지는 자원 활동가들이 독립적으로 운영하였으나 지금은 정규직, 비정규직 합쳐 30여 명으로 구성된 단체로 성장했으며, 주로 교육, 마케팅, 기금 운영 등을 담당하고 있다. 또한 프리덤길의 유적지와 네트워킹을 구축하고 보스턴시청, NGO 등 민관의 관련 주체들을 연결하여 관광객의 편의를 제고한다. 더불어 관광객 유치를 위한 홍보, 다양한 이벤트와 투어 프로그램 개발 및 예약, 근대 미국인들의 의상 재현, 그룹을 위한 투어 프로그램 제공, 투어의 시작과 마지막 장소를 다양하게 제공하는 등 모든 세대를 고려한 프로그램을 개발하여 운영한다. 계절별로 특별 이벤트를 개최하기도 한다. 예를 들면, 보스턴 출신 독립 영웅인 폴 리비에르Paul Revere(1734~1818)의 집에서 열리는 전시 및 강연,[6] 수상水上에서의 차tea파티, 독립기념일 선포식 재현 등 사계절에 적합한 테마를 선정하여 관련 행사를 개최하고 있다.

[그림 44] 주민들의 타운미팅 장소였던 Old South Meeting House, 1729년경 건립. https://www.thefreedomtrail.org/

프리덤길은 별도의 홈페이지를 통해 프리덤길의 역사, 이벤트 개최 일정, 교육 프로그램 일정, 보스턴 트레일 내 역사문화자원의 안내 등의 서비스를 제공하고 있다. 또한, 호텔 패키지, 안내 지도, 도보 관광, 기상 등의 부가적 서비스 역시 공식 홈페이지에서 찾아볼 수 있다. 온라인 스토어를 통해 프리덤길 기념품을 판매하여 더 많은 경제적 효과를 창출한다.[7]

6 1680년경 지어진 리비에르의 집은 보스턴에서 가장 오래된 건축물로 알려져 있다. 지금은 기념관으로 운영된다.

7 김영준, 박경열, 「스토리가 있는 문화생태탐방로 추진 방안 연구」, 문화관광연구원, 2008, p.129~132.

4. 서울 한양도성길

한양도성은 조선왕도 도읍지를 에워싸고 있었던 옛 도성으로 사적 제10호로 지정되어 있는 도심 속 역사 경관이다.[8] 서울의 옛 이름인 한성부 도심의 경계를 표시하고 그 권위를 드러내며 외부의 침입으로부터 방어하기 위해 축조된 성으로,[9] 전체 길이는 약 18.6㎞, 면적은 46만 7,922㎡이다. 서울시는 2015년부터 한양도성 주변 9개 권역 22개 성곽 마을을 대상으로 '성곽마을 재생사업'을 추진하였다. 한양도성에는 사대문四大門과 사소문四小門을 두었는데, 사대문은 북쪽에서부터 시계 방향으로 숙정문, 흥인지문, 숭례문, 돈의문이며 사소문은 서북에서부터 시계 방향으로 창의문, 혜화문, 광희문, 소의문이다. 이 중 돈의문과 소의문은 터만 남아 있다. 도성 밖으로 물길을 잇기 위해 흥인지문 남쪽에 오간수문과 이간수문을 두었다. 한양도성은 순성巡城길을 따라 하루에 돌아볼 수 있지만, 내사산[10]을 중심으로 한 백악, 낙산, 남산(목멱산), 인왕산 구간과 도성이 멸실된 흥인지문, 숭례문 구간 등 소요 시간이나 난이도에 따라 6구간으로 나누어져 있다. 창의문에서 시작하여 숙정문, 말바위 안내소, 와룡공원, 혜화문에 이르는 구간은 시간이 많이 소요되고 난이도도 가장 높은데, 시작점인 백악산白岳山(북악산의 옛 이름)은 산세가 아름답다. 이 길을 걷다 보면 북촌 한옥마을이나 등산로를 따라 북악 스카이웨이로 갈 수 있다. 총 길이는 약

---

8 박향기, 「치유적 모빌리티로서 서울한양도성길 걷기」, 『대한지리학회지』, 제51권 제1호, 2016, p.114.

9 박성희, 정호경, 「서울시 성곽마을 도시재생 연구」, 『글로벌문화콘텐츠학회 2017년 동계학술대회 자료집』, 2017, p.114.

10 한양성곽을 지나는 동서남북의 4개의 산을 가리킨다. 즉, 북쪽의 북악산, 남쪽의 남산, 동쪽의 낙산, 서쪽의 인왕산을 지칭한다.

4.7km로, 도보로 약 3시간이 소요된다.

좀 더 평이한 구간은 흥인지문 구간으로 광희문을 지나 장충체육관으로 이어지는 총 길이 1.8km, 도보 1시간 정도에 돌아볼 수 있는 길이다. 흥인지문 인근 지역은 도성 안에서 가장 지대가 낮아 성 안의 물이 이곳으로 흘러들어 수문으로 빠져나갔고, 하도감, 염초청, 훈련원 등의 군사 시설도 밀집해 있었다고 한다. 대한제국 시기에는 전차 개설로, 일제강점기에는 도로 건설과 경성운동장 건설 등으로, 해방 후에는 도로와 주택지의 확장으로 인해 이 구간의 성벽 대부분이 철거되거나 훼손되었다. 현재 이간수문은 원위치에 정비되어 있고, 하도감 유구는 동대문역사문화공원 안으로 이전되어 전시 중이다. 이 구간은 동대문디자인플라자, 동대문시장, 평화시장, 방산시장 등과 가까워 쇼핑도 즐길 수 있다.[11] 서울시는 시민과 함께하는 순성길을 만들어 나가기 위해 종로구, 중구, 성북구(성북문화재단), 문화재청 한국문화재재단 등 여러 기관과 협력하에 순성 프로그램을 연중 운영하고 있다. 해설사와 함께 한양도성을 둘러보는 해설 프로그램, 도성의 보존, 관리를 위한 시민 참여 프로그램인 시민순성관, 한양도성 수문장 체험, 혜화동에서 열리는 야외 음악회 등이 진행되고 있다. 구간을 마친 시민은 스탬프를 찍어 지정 안내소에서 인증을 받으면 완주 배지를 받을 수 있다.

한양 도성순성길은 서울시민 절반이 걸어본 적으로 조사[12]되는 등 대도심의 각박한 환경에 살고 있는 시민들의 휴식처이자 치유의 공간으로서 그 본연의

11 한양도성 공식 홈페이지, seoulcitywall.seoul.go.kr, 검색일자: 2020년 7월 22일.

12 2020년 6월 21일 서울시는 시민 3,585명을 대상으로 한양도성 관련 여론조사를 실시한 결과 전체 응답자의 50.2%가 순성길을 걸어본 경험이 있다고 발표했다(메트로, 2020년 6월 21일자 사회면 기사 참조).

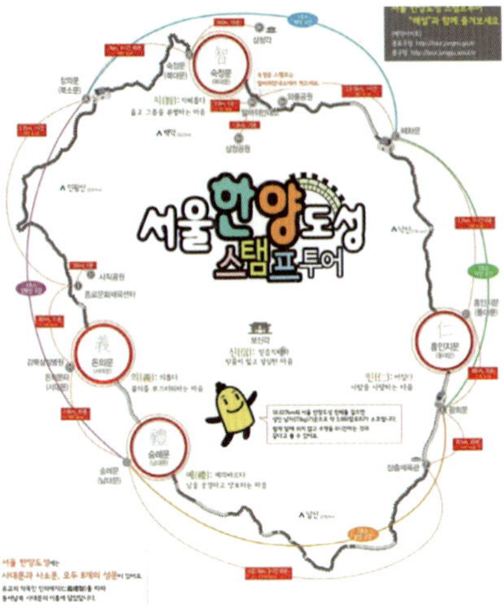

[그림 45] 한양도성 안내 지도 seoulcitywall.go.kr

역할을 톡톡히 하고 있으나 해마다 이용률의 부침은 있는 것으로 나타난다. 서울시가 발표한 2018년 한양도성 이용객 계수 조사 결과 보고서에 따르면, 2018년 한양도성 이용객 수는 7백 97만여 명으로, 전년 대비 10.7% 감소한 것으로 나타났다. 감소 원인을 들자면, 역사상 가장 높은 기온을 기록한 여름철 폭염으로 인한 야외활동 감소, 미세먼지 유입과 같은 기상의 영향이 큰 것으로 분석되었다. 서울과 경기도에 위치한 북한산 국립공원의 이용객 숫자가 꾸준히 감소 추세에 있는 것도 내방객 감소에 영향을 미친 것으로 해석할 수 있다.[13] 이에 따라 기존에 운영하고 있는 프로그램 이외 재미와 정보를 제공하고 내방객의 관심을 끌 수 있는 다양한 이벤트의 개발이 필수적이다.

13 씨에스넷, 「2018년 한양도성 이용객 계수조사 결과보고서」, 서울특별시, 2018, pp.11~12.

제5장

종교 콘텐츠

지난 수십 년간 종교를 모티브로 하는 여행은 지속적으로 증가하여 전체 관광 분야에서 중요한 영역으로 자리 잡고 있다.[1] 포스트모던 시대의 순례와 관광을 자로 잰 듯이 경계를 구분하는 것이 무의미하고 불가능하겠지만 최근 학계는 대중성을 기반으로 하는 종교관광을 좀 더 포괄적인 측면에서 개념화하는 데 공감하고 있다. 그런 가운데 종교 공동체와 외부 관광객 또는 순례자 간에는 긴장과 갈등이 존재하는데, 그것의 상당 부분은 종교 공동체가 시대의 요구와 동떨어진 전통 방식이나 전혀 '대중적이지 않은' 박물관 콜렉션을 고수함으로써 발생하기도 한다.[2] 특히 과거보다 훨씬 민감해진 성 평등이나 인권과 관련한 문제는 많은 비판을 야기한다. 예를 들면, 일본의 불교 성지인 기이 산지의 순례길 성소와 그리스의 아토스수도원공동체(이하 아토스수도원으로 표기)가 이른바

1 Kotsi, Filareti, "Mount Athos: Development Policies for Short-term Religious Tourism," International Journal of Tourism Anthropology, Vol. 2 No. 2, 2012, p. 149.

2 Alexopoulos, Georgios, "Living Religious Heritage and Challenges to Museum Ethics: Reflections from the Monastic Community of Mount Athos," Journal of Conservation and Museum Studies, Vol. 11 No. 1, 2004. http://doi.org/10.5334/jcms.1021208, p. 2.

'불가침avaton'을 통해 여성의 출입을 엄격히 금지하는 것이 대표적이다.[34]

이와 같은 종교적 경직성으로 인해, 아토스수도원의 경우, 유럽의회가 성차별에 반대하는 결의안을 채택하고, 이에 많은 시민과 NGO가 아토스수도원 측에 항의 시위를 벌였으나 여성 출입 금지는 차별이 아니라 11세기부터 내려오는 수도의 방식임을 내세워 굳건히 봉쇄수도원의 길을 견지하고 있다. 이러한 세계유산들은 유네스코가 지향하는 인류를 위한 보편적 가치와 성 평등이나 인권 수호와의 관계 설정에 대한 논란을 불러일으켰다.[5] 이번 절에서는 문화유산을 둘러싼 다양한 해석 속에서 변화에 대한 요구와 불변의 가치가 어떤 방식으로 타협하며 더불어 종교적 신성성과 문화의 보편성의 간극에서 일어나는 현실적인 문제를 그리스의 아토스수도원과 네팔 룸비니의 사례를 통해 개관한다.[6]

---

3 '불가침(avaton)'은 일체의 외부 간섭을 배제한다는 것으로, 그 속에는 11세기 콘스탄틴황제 때부터 현재까지 여성 및 어린아이의 출입 금지와 심지어 암양, 암소, 암탉과 같은 동물의 암컷도 기르지 않는다는 조항이 포함되어 있다. Rossler, M., et al, "World Heritage and Gender," World Heritage Review, Vol. 78 No. 4, 2016, p.16.

4 아토스수도원이 여성을 수용한 전례는 역사적으로 두 번 있었다. 두 번 모두 1940년대 그리스 내전 중 피난 온 여성들을 일시적으로 허가한 것과 2008년 우크라이나 밀수선(密輸船)이 몰도바 출신 여성 네 명을 이곳에 유기한 사건처럼 '불가항력'의 경우였다. "Gender Equality, Heritage and Creativity," UNESCO, 2014, p.64.

5 위의 글, p.64.

6 본 절의 내용은 필자가 2020년 8월에 기 발표한 논문을 상당 부분 발췌하였음을 밝혀둔다.

1. 그리스 아토스수도원공동체

그리스 북부 아토스산Mount Athos에 위치하고 있는 은둔의 성지 아토스수도원공동체는 1988년 유네스코 세계유산으로 등재되었다. 비잔틴 시대부터 그리스 동방정교의 영산으로 여겨져 온 아토스산은 에게해에 접해 있는 반도로서 지금까지 자치구의 지위를 유지하고 있으며 2,000여 명의 수도사가 엄격한 규율 속에서 수도하는 20개의 봉쇄수도원이 모여 있다. 면적은 총 330㎢로 서울시의 절반이 조금 넘는 정도로 약 75%를 차지하는 숲과 희귀 동식물, 그리고 수많은 협곡과 바위로 이루어진 빼어난 자연 경관을 자랑하며 그리스 본토에서 이곳으로 들어오기 위해서는 오직 뱃길로만 가능할 만큼 천혜의 요새와 다름없어 엄격한 출입 통제가 가능하다.[7] 아토스수도원이 세계유산으로 등재된 것은 이와 같은 아름다운 자연환경, 살아 있는 종교 전통, 예술적·역사적 의의를 높이 평가한 결과이다.

아토스산의 문화적 시작점은 기독교가 본격적으로 전파되기 이전인 4세기로 거슬러 올라간다. 그 당시 수도사들은 아토스산에 모여 은둔생활을 하였는데 종종 해적의 습격을 받았고, 이에 883년 비잔틴제국의 바실레우스 황제Basil II가 이들을 보호하기 위해 보호령을 내렸다. 이후 황제들은 계속해서 교회의 건설을 지원하였고 963년 대라브라Great Lavra 수도원을 시작으로 1536년 건립

7 현재 예약자에 한해 하루 110명의 남성만 입산을 허가하고 있다. 이 중 100명은 그리스정교 회원이며 외국인 및 비그리스정교인은 불과 10명만이 방문허가를 받을 수 있다. 2010년 방문통계를 보면, 외국인이 약 17%이며 그리스정교의 순례자가 83%를 차지하는 것으로 조사되었는데, 이는 대중에 공개된 대다수의 종교유적과는 달리 여성, 비신도를 비롯한 일반 관광객의 접근이 용이하지 않기 때문에 일어난 현상으로 보인다. Gothoni, Rene, "Unity and Universe: Understanding Pilgrimage to Mount Athos," Pilgrimages Today 22, 2010, p.63.

[그림 46] 그리스 아토스수도원 www.greeka.com

된 스타브로니키타Stavronikita 수도원까지 20개의 수도원이 설립됨으로써 동방정교의 영적 중심지로 부상하였다.

아토스수도원은 상업화와 관광의 소비화를 거부하며 1,500여 년의 시간 동안 원형성을 유지해오고 있다. 10세기부터 보존되어온 건축 구조물, 예술품, 종교의례, 수도사와의 교감 및 공동체 생활과 같은 유무형의 유산은 "허위나 가식이 없는 완전하고 지극한 성誠"을 경험할 수 있게 한다.[8] 이것은 아토스수도원 존재 자체가 발산하는 "진정성의 영향"[9]이며 "일상을 넘어서는 새로운 행태의 상호작용(커뮤니타스)이 일어나는 경계(역치성)"[10]로 방문객을 이동시킨다. 그곳에서 종교성은 물리적 표상으로 치환되어 비종교인일지라도 인류애적 동질감을 느끼게 만든다. 아마도 그것이 세상으로부터의 봉쇄 또는 단절의 역사에도 불구하고 아토스수도원을 세계종교유산의 상징으로 각인하는 이유일 것이다.

8 Lau, R. W. K., "Revisiting Authenticity: A Social Realist Approach," Annual Tourism Research, Vol. 37 No. 2, 2010, pp.478~493.

9 Andriotis, Konstantinos, "Genres of Heritage Authenticity Denotations from a Pilgrimage Landscape," Annals of Tourism Research, Vol. 38 No. 4, 2011, pp.1623~1633.

10 김진영,「증산 순례길 제언」『대순사상논총』31 (2018), p.137.

2. 네팔 룸비니

아토스수도원이 신앙의 결기를 보여주는 위엄 있고 경건한 은수자隱修者의 모습을 떠올리게 한다면, 룸비니는 부처(고타마 붓다)의 하화중생下化衆生의 가르침을 펼치기 위해 사바세계를 떠나지 않은 자애롭고 겸허한 보리살타를 상기시킨다. 룸비니는 2,000여 년간 수많은 불자의 발걸음을 이끈 석가모니 부처의 탄생지로서 1997년 종교적, 고고학적 상징성을 인정받아 유네스코 세계유산으로 등재되었다.

카트만두 서쪽 약 300km에 위치하고 있는 룸비니는 동절기에는 7°~23° 사이의 건조한 날씨를 보이며 4월부터 시작되는 하절기는 40°~45°까지 오를 만큼 고온다습하다.[11] 부처의 탄생지임을 증명하는 아소카왕Ashoka the Great(c.268~232 BCE)이 세웠다는 석주와 부처의 발자국이 새겨진 표석 등이 1990년대 발굴 작업을 통해 재조명되었고, 대표적 건축물로서 마야데비사원Maya Devi Temple은 19세기 말 최초 발굴된 이후 1939년 재건립되었고 2003년에는 중수되었다.

룸비니가 주목받기 시작한 것은 1896년 독일의 고고학자 퓌어러Fuhrer가 아소카 석주를 발견하면서 이 지역에 대한 대대적인 고고학적 연구에 기인한다. 그 후 1967년 버마 출신의 우탄트U Thant 유엔 사무총장이 설치한 룸비니 개발을 위한 국제위원회의 위임을 받아 일본의 건축가 겐조 탄게가 '마스터플랜'을 세움으로써 개발이 본격화되었다. 탄게는 발굴된 유적을 중심으로 1978년 성

11 Nepal Tourism Board, https://www.welcomenepal.com/plan-your-trip/climate.html 참조 검색일자: 2020년 1월 17일.

[그림 47] 네팔 룸비니 유적 www.en.tripadvisor.com.hk

원Sacred Garden을 조성하였고 기타 현대적 구조물은 최소화하였다.[12]

현재 룸비니에는 부처의 어머니 마야 부인을 기리기 위해 건립된 마야데비사원이 가장 주목받는 유적지로 각광받고 있다. 그곳의 오색 룽다風馬가 휘날리는 보리수, 마야 부인이 목욕했다는 전설을 간직한 사각 연못, 부처의 탄생 장소를 특정하는 표지석 주위로는 세계 각국에서 온 승려들과 불자들이 자리를 틀고 앉아 불경을 송독하거나 기도하고 있으며 이를 호기심 어린 시선으로 경건하게 바라보는 일반 관광객들의 발길이 줄을 잇고 있다. 또한 룸비니에는 국제 사원 구역이 조성되어 있는데, 우리나라, 중국, 일본, 미국 등 세계 20여 개국이 지은 사찰들이 이곳을 찾는 이들의 종교적 심성을 자극하고 있다.

그런데 네팔의 이런 일련의 정책이 세계의 유명 관광지들이 공통적으로 안고 있는 오버투어리즘과 같은 고질적인 문제를 빗겨나기가 쉽지 않아 보인다. 네팔 정부가 과연 밀려드는 순례자와 일반 관광객 모두를 만족시킬 만한 역량이 있는지에 대해서는 부정적인 시각이 존재한다. 인프라가 가장 잘 구축되어 있는 카트만두만 해도 상수도나 전기 시설이 부족한 편이고 전국적으로 호텔의 숫자는 천백여 개, 그나마 저가 호텔이 90%를 차지하고 있다.[13] 위생 상태나

12 Weise, Kai, "The Sacred Garden of Lumbini-Perceptions of Buddha's Birthplace," UNESCO, 2013, p. 9.
13 Ways, David, "Is Overtourism a Problem in Nepal?," The Longest Way Home (2019.01.15.) https://www.

편의 시설과 같은 인프라 구축은 여행자의 만족도에 큰 영향을 미치는 필수적인 요소이다. 룸비니 역시 인근 지역의 관광 인프라 부족으로 방문객의 70%가 하루도 체류하지 않은 것으로 조사됐는데, 응답자들은 안내 서비스나 레크리에이션 공간 등의 부재를 그 이유로 꼽았다.[14][15]

또한 룸비니 유적지가 안고 있는 문제 중 하나는 유물 관리의 측면에서 과학적 태도마저 결여되어 있다. 예를 들어, 아소카 석주의 경우 연구 자료마다 용어는 물론 제시한 높이, 무게 등 가장 기본적인 수치조차 적게는 4미터에서 최장 9.41미터까지 차이가 심했다. 발굴과 복원을 거치며 기둥의 높이가 달라졌거나 측정 방식에 따라 어느 정도의 차이가 있음을 감안하더라도 일반 여행 블로거부터 전문 연구자가 제시하는 자료는 신뢰성을 의심케 할 만큼 제각각이다. 이는 어떤 의미에서는 세계유산 등재라는 신뢰성 높은 공인의 획득이 문화유산 관리나 보존의 효율성 제고로 이어지지 않을 수 있음을 나타내기도 한다.

thelongestwayhome.com/blog/nepal/overtourism-problem-in-nepal/ 검색일자: 2020년 2월 19일.

14 Khatri, Ishwar, "Tourism Destination Marketing: A Case Study of Lumbini Nepal," The Gaze Journal of Tourism and Hospitality 9, 2019, p.81.

15 네팔을 찾은 관광객의 평균 체류기간은 12.6일로 나타났으나 룸비니 관광객은 체류형보다는 주유형이 많은 것으로 나타난다. https://visitnepal2020.com/ 참조.

제6장

축제

1. 프랑스 아비뇽 연극제

문화 예술은 지역개발이나 도시 재생의 수단으로서 '상징적 경제'의 핵심적인 요소로 부각하고 있다. 상징적 경제는 문화적 행위, 예를 들어, 미술, 음악, 무용, 공예, 박물관, 전시, 스포츠, 디자인 등 다양한 문화 예술을 통해 부와 자원이 창조되는 과정에서 생산되는 총체적 경제 활동을 의미하는 새로운 개념이다. 한류로 인해 자연스럽게 수출이 증대하고 관광 분야에서 시너지를 창출하는 것은 상징적 경제[1]의 좋은 사례일 것이다.

2차 세계대전 후 유럽은 여가 시간 활용과 타문화 이해에 대한 요구가 맞물리면서 문화 이벤트가 늘어났으며 이런 흐름 속에 유럽의 여러 도시들은 수년간의 문화 공백을 채워줄 독특하고 다양한 문화 이벤트를 통해 문화도시로서의 명성을 얻게 된다. 그중 프랑스의 아비뇽은 이벤트와 축제가 일 년 내내 끊

1 예술, 공연, 디자인, 스포츠 등 문화 예술 활동을 통해 부(wealth)를 창조하는 과정. Geronimi, Martine, "Symbolic Landscapes of Vieux-Quebec," edited by T. S. Terkenli and A.M. d'Hauteserre, in Landscapes of a New Cultural Economy of Space, Dordrecht:Springer, 2006, p.214.

이지 않는 도시이다. '아비뇽 – 영원한 쇼'라는 이 도시의 슬로건은 세계적인 연극제를 자연스럽게 각인하는 데 일조한다.[2]

[그림 48] 2019년 아비뇽 축제 '리처드3세' 공연 모습
https://francecanadaculture.org/another-cultural-event-cancelled-the-avignon-festival/

프랑스의 연출가이자 배우인 장 빌라르Jean Vilar가 1947년에 시작한 아비뇽연극제Festival d' Avignon(원제는 아비뇽의 축제)는 가장 잘 알려진 현대 공연예술 축제 중 하나이다. 매년 7월 프랑스의 남부 도시 아비뇽은 거대한 극장으로 탈바꿈한다. 곳곳에 산재한 고풍스러운 건축물들은 다양하고 장엄한 공연장이 되고 남녀노소 모든 연령대의 팬들이 모여든다. 연극제는 전 세계의 관객과 최신 창작물이 아비뇽으로 집결한다. 공연뿐만 아니라 관객과 창작자들이 공연에 대해 토론하고 작품의 경험을 공유하는 야외 포럼이 열린다. 예술과 지식의 세계로 들어가는 관문인 독서회, 각종 전시회, 영화 관련 토론회, 강연도 포함된다. 매일 저녁 적어도 한 편 이상의 프리미어 공연이 열리기 때문에 현재 공연계의 동향을 가장 빨리 접할 수 있는 최신 문화의 장이기도 하다. 즉, 한 달간의 축제에서 이 도시를 방문한 사람들은 가장 전위적이며 살아 숨 쉬는 문화를 접할 수 있는 것이다.

2 Richards, G., "Why Cities Need to Be Eventful," in Eventful Cities, Oxford: Routledge, 2010, pp. 20~27.

축제 운영 면에서 이사들은 전체 이사회가 임명하며 아비뇽 시장과 프랑스 문화부 장관의 공식 승인을 받아야 한다. 초대 예술 감독 장 빌라르 이후로 예술 감독은 정치적 상황이나 단체의 간섭으로부터 자유롭다. 축제 운영의 독립성은 감독의 의도대로 공연 프로그램을 기획할 수 있는 완전한 권한을 보장하기 때문에 진취적이며 창의적인 발상의 공연과 이벤트가 매해 열릴 수 있는 자양분이 되었다.

축제 프로그램에는 패널 초청 토론, 필름 상영, 공연 등 총 300여 개의 공연 관련 이벤트와 400여 개의 기타 이벤트가 포함된다. 해외팀이 제작한 50여 개의 공연이 선보인다. 공연의 80%는 독창적인 작품이거나 페스티벌에서 프랑스 초연을 하고 있다. 50석에서 2,000석 사이의 공연 장소 확보를 위해 20개 이상의 장소(대부분 역사유적지 및 야외 공연장)를 공연과 풍경을 함께 감상할 수 있는 무대로 전환한다. 해마다 유료 공연 티켓이 약 11만 장이 발행되고 토론, 패널, 독서 등 이벤트에 약 30,000명의 관중이 참가하는 것으로 조사되었다. 관객의 약 38%는 아비뇽과 인근 지역에서, 28%는 프랑스 수도권, 23%는 기타 프랑스 지역에서, 11%는 해외에서 참여하는 것으로 나타났다. 취재를 위해 600명 이상의 언론인이 아비뇽을 찾고 있으며 축제 관련 기사는 2,000개 이상이 보도된다. 수많은 텔레비전과 라디오 방송은 참석하지 못한 전 세계 공연 팬을 위해 생방송으로 축제 내용을 전송한다. 주요 잡지사나 신문사 소속 사진 기자 50여 명이 축제를 찾고 있다.[3]

3 아비뇽축제 공식 웹사이트, https://festival-avignon.com/en/festival-609, 검색일자: 2020년 8월 10일.

2. 스페인의 산페르민축제

산페르민축제는 스페인 북부 나바라Navarra주의 수호성인인 산페르민San Fermin을 기리기 위해 매년 7월 6일부터 14일까지 개최되는 축제이다. 이 지역 출신인 산페르민의 순교를 기념하여 12세기에 주도州都인 팜플로나Pamplona에서 종교 행사로 시작한 것으로 알려졌다. 본래 스페인은 각 지역마다 수호성인이 있어 그의 탄생일을 기념하는 제의적 성격의 축제가 있다. 산페르민은 프랑스에서 순교했으나 1186년 아르타호나의 베드로Peter of Artajona 주교가 그의 유품을 팜플로나로 가져왔으며 이후부터 인근 지역의 수호성인 산세르닌San Cernin과 산니콜라스San Nicolás를 포함하는 종교 행사로 확장되었다. 이 기간 동안 성인을 기리는 축제는 검소했고 저녁 기도, 행렬, 시의회가 운영하는 "가난한 자의 급식the food of the poor" 행사가 포함되는 종교적, 구휼적 색채가 강했다.

산페르민축제는 또한 14세기부터 개최한 가축 박람회나 투우와도 연관되어 있다. 처음에는 종교 축제와 투우 행사가 다른 기간에 열렸으나 매년 악천후에 종교 행사가 피해를 입자 팜플로나 주민들은 가축 박람회에 맞춰 축제일을 7월 7일로 옮겼다고 한다. 1591년 산페르민축제가 처음으로 열렸고, 팜플로나 사람들은 축제의 시작을 알리는 트럼펫 소리를 들으며 이틀간 축제를 즐겼다. 메인 광장인 카스티요 플라자Plaza del Castillo에서 예수회는 "축복받은 산페르민의 코미디와 비극"이라는 연극을 공연했다. 민속춤, 퍼레이드 및 투우도 축제에 빠지지 않는다. 해가 갈수록 불꽃놀이와 춤, 음악과 같은 오락적인 요소들이 더해지고 더 많은 이벤트가 포함되면서 축제 기간도 7월 10일까지 연장되었다.

20세기 이전까지 일부 보수종교계는 종교적 측면보다 유희성이 강한 축제로 변질한 산페르민축제를 금지하려는 시도를 했으나 의회나 종교계의 모든 노력에도 불구하고 흥겨운 축제를 즐기려는 사람들을 막을 수 없었다. 그 결과 17세기에 모든 금지 법안이 폐지되었다. 이후에도 시 당국과 축제 참가자들 사이의 줄다리기는 계속 이어져 교회는 과도한 예산 낭비, 음주 행위, 축제에서의 방종적 행위를 비판하였다. 결국 1868년에 의회는 축제일수를 줄였다.

20세기에 들어 산페르민축제는 궁극의 화려함과 다양한 색채를 입혀 세계적인 축제로 발돋움한다. 노벨상 수상으로 잘 알려진 미국 작가 헤밍웨이는 여러 차례 이곳을 방문하였고 여행에서 영감을 얻어 소설 『해는 다시 떠오른다』(1926)와 『오후의 죽음』(1932)을 집필했다. 그는 산페르민 축제의 열기, 특히 소몰이의 모습을 자세히 묘사했다. 그의 소설은 산페르민축제가 세계인의 축제가 되는 하나의 계기가 되었다.

축제는 발전을 거듭해 새로운 의식ritual과 행사가 포함되었다. 리아우 리아우Riau-Riau 전통춤의 시작은 축제 초기로 거슬러 올라간다. 팜플로나 시의원들은 수백 명의 지역 주민들과 함께 시청에서부터 산페르민을 봉안한 산로렌조 성당까지 약 500m를 행진했다고 한다. 행진 도중에 대중은 리듬에 맞춰 천천히 행진하고 후렴구로 "riau-riau"를 외치며 왈츠의 선율에 맞춰 큰소리로 노래한다. 리아우 리아우 전통은 1914년에 시작되어 90년대 중반까지 공식 이벤트였다. 군중 통제와 시위대의 문제로 인해 주기적으로 중단되었지만 현재 다시

복원되었다.[4]

[그림 49] 황소몰이 www.cbs4indy.com

추피나소Chupinazo는 메인 광장에서 폭죽을 발사하여 축제의 시작을 알리는 개막 행사이며, 축제의 백미인 황소달리기encierro는 매년 수많은 부상자가 생기는 위험한 행사이지만 축제 기간 동안 매일 아침 수많은 관중이 산토 도밍고, 메르 카데르, 에스타 페타 거리에 모여 황소달리기를 즐긴다. 보통 1km가 채 되지 않는 짧은 경로를 따라 황소와 질주하는 시간은 4분 미만이지만 황소가 통제를 잃고 무리에서 벗어나면 달리기는 훨씬 더 오래 지속되기도 한다. 1910년 이래 16명이 사망하고 많은 참가자가 부상한 위험한 행사이므로 주최 측은 달리기 중 사진 촬영 금지, 안전한 신발과 의복 착용, 경찰의 보호 장벽을 넘는 행위 금지 등 엄격한 행동 지침을 시행하고 있다.[5] 동물 학대와 행사의 위험성으로 인해 논란이 일기도 하지만 용기를 시험하고 남성다움을 뽐내고 싶은 사람들 덕분에 스릴 넘치는 대중 축제로 인기를 얻고 있다. 인구 19만 명의 소도시 팜플로나는 백만 명 이상의 인파가 몰리는 축제를 수용하기에는 비좁은 편이지만 팜플로나 사람들의 넉넉한 마음 씀씀이와 거리마다 느껴지는 친근한 분위기는 관광객의 마음을 사로잡기에 충분하다.[6]

---

4 황소몰이닷컴, https://www.runningofthebulls.com/san-fermin-festival/riau-riau-pamplona/, 검색일자: 2020년 8월 10일.

5 https://www.bullrunpamplona.com/, 검색일자: 2020년 8월 10일.

6 https://www.sanfermin.com/en/, 검색일자: 2020년 8월 10일.

3. 충청남도 보령머드축제

우리나라의 대표적인 여름축제로 발돋움한 보령머드축제의 시작은 단순했다. 시는 지역의 독특한 자연자원인 머드의 생태학적 가치와 효용적 가치를 일찍부터 인식하고, 1886년 16종의 머드화장품을 개발하였다. 그러나 제품의 인지도가 낮고, 판매가 부진하자 이를 만회할 목적으로 1998년 대천해수욕장에 머드체험관을 갖추고 홍보를 시작했다. 지금의 머드축제에 비하면 소규모의 이벤트에 불과했지만 주로 외국인이 이벤트에 참여했다는 점에서 홍보 효과는 매우 컸다. 이러한 성공 사례에 힘입어 보령머드는 각종 언론 등에 게재, 보도되면서 뜨거운 반향을 일으켰고, 1955년 9월 보령머드팩 사업은 내무부(현 행정안전부)가 주관한 전국 경영행정대회에서 최우수상을 받는 등 큰 성과를 거두었다. 이로부터 매해 7월 나흘간 머드축제가 개최되어 250만 명 이상이 찾고 있는 최대의 축제로 자리 잡았다. 제21회 보령머드축제(2018년)은 10일간 60개의 프로그램을 제공하는 국내 대표 축제로 성장하였다. 체험은 축제의 중요한 요소로서 관련 프로그램을 개발하는 데 필수적이다. 머드축제는 관광객들에게 직접 참여를 통해 체험할 수 있는 다양한 활동을 제공한다. 구체적으로 2019년 제22회 보령머드축제에서는 대형머드탕, 머드씨름대회, 머드슬라이딩, 갯벌극기훈련체험 등이 선보였으며, 록 콘서트, 머드미인선발대회, 행글라이더대회, 용왕굿 한마당 등의 행사가 열렸다.

머드축제는 오락적, 교육적, 일탈적, 미적인 측면에서 다양하게 구성되어 외국인인 가장 많이 참여하는 축제로 뽑히기도 하면서 BBC방송사를 통해 세계적으로 잘 알려지게 되었다. 2015년부터 3년간 문체부의 '대한민국 글로벌육

[그림 50] 보령머드축제 http://boryeongmudfestival.com/

성축제'로 선정되었다. 2015, 16, 17, 18년 대한민국축제콘텐츠 대상을 연이어 수상하며 명실공히 우리나라의 최고 축제로 공인받았다. 보령머드축제는 해변 산악도시로 불렸던 보령시가 머드도시로 변신하면서 연간 1,500여만 명이 찾는 국내 최대의 관광휴양도시로 발전하는 데 중추적인 역할을 하였다.[7] 특히 팬데믹으로 거의 모든 축제가 취소된 2020년에는 7월 17일부터 26일까지 열흘간 온라인축제를 개최하여 140만 뷰의 조회수를 기록한 바 있다. 온라인축제는 온라인머드게임, 가상현실 머드 체험전, 머드 공모전, 셀카와 사연 공모전, 유튜브 개설 등 가상축제에 알맞은 프로그램으로 구성하였다.

7 보령축제관광재단 공식 웹사이트, http://www.mudfestival.or.kr/, 검색일자: 2020년 8월 10일. 참조.

4. 아르헨티나 부에노스 아이레스 탱고축제

아르헨티나 탱고는 19세기 중반 부에노스 아이레스의 보카Boca에서 시작된 파트너 댄스이다. 제1차 세계대전 전후에 일자리를 찾아 가난한 이민자들이 보카 항구로 몰려들었고 노동자의 고단한 삶의 애환을 술, 음악, 춤으로 위무하였다. 탱고는 유럽의 춤과 리듬이 건너와 남미와 아프리카의 리듬과 혼합된 형식으로 탄생했다는 설과 스페인의 플라멩코와 쿠바의 무곡을 변형하여 만들었다는 설도 있다. 당시 보카가 인종 전시장과 다름없던 상황이었음을 고려하면 탱고의 혼종성은 당연하다 하겠다.[8]

탱고는 감미로운 음악과 함께 관능적이며 왠지 모를 애환이 묻어나는 아름답고 열정적인 춤이다.[9] 아르헨티나 사람들은 탱고를 정신의 위안이라고 칭할 정도인데, 이러한 국민적 자부심이 든든한 기반이 되어 탱고는 2009년 유네스코 인류무형문화유산으로 등재되었다.[10] 이후 전 세계적으로 탱고를 홍보하고 가치를 높이는 다양한 정책과 제도를 수립할 수 있는 길을 열게 되었다. 사실 탱고 관련 문화콘텐츠는 국가 및 지역 수준에서 일찌감치 진행되었다. 이와 관련하여 1990년대부터 탱고와 관련된 유무형의 표현을 보존하고 홍보하기 위한 목적으로 다양한 부문에서 일련의 프로젝트, 법령, 제도 및 문화 행사가 수립되었다. 당시 카를로스 메넴Carlos Menem 대통령은 새로이 제정된 국가 법령 1235/90에 따라 국립탱고아카데미National Academy of Tango를 건립하였다. 이

8 정길화, 「탱고, 아르헨티나의 문화유산인가 굴레인가」, 『인물과 사상』, 2013, p. 161~162.

9 허상문, 「아르헨티나의 삶, 사랑, 문학」, 『수필시대』, 11호, 2016, p. 220.

10 Koh, Youngsoon, et al., "Terminology of Argentine for Tango Therapy," Journal of Tango, Vol. 1 No. 1, 2019, p. 15.

법령은 다음과 같이 명시한다.

"음악적, 안무적, 시적, 해석적 측면에서 탱고는 지난 세기 동안 변함없이 아르헨티나 사람들의 심오하고 진정한 표현이었다. 국가 예술 유산을 손실 또는 파괴의 위험으로부터 영구적으로 수집, 조직, 연구 및 보호하여야 한다. (중략) 탱고를 소중히 여기는 전통은 새로운 창작물에 대한 영감을 자극한다. 탱고를 교육함으로써 유기적인 방식을 통해 국가 및 국제화에 힘써야 한다."

탱고의 산실인 부에노스아이레스시 역시 탱고 활성화를 위해 1998년 법령 n° 130 / 98을 제정하여 시 차원의 지원에 본격적으로 나섰다. 이 법은 탱고를 도시의 문화유산으로 공인함으로써, "보존, 복원 및 보급을 지원하며, 탱고와 관련한 기타 활동 중에서 예술, 문화, 학술, 교육 활동을 촉진"하는 내용을 골자로 하고 있다.[11]

부에노스 아이레스는 탱고의 태동지로서의 위상에 걸맞게 매년 8월 전문 댄서, 아마추어 댄스 애호가, 국내외 관람객 등 40만 명 이상이 이 도시에서 열리는 탱고축제를 찾고 있다. 화려한 의상을 입고 멋진 춤사위를 장착한 댄서들은 탱고 콘테스트, 탱고 공연 등 시 전역에서 벌어지는 다양한 이벤트를 통해 그동안 갈고닦은 춤 실력을 선보인다. 축제 주최 측은 초보자를 위한 탱고 수업을 개설하고 있는데, 탱고 실력을 기르고 싶은 사람들을 위해 2주 이상의 강좌도 운영한다.

아울러 탱고축제 기간 동안 도서 사인회, 영화 상영, 탱고 관련 제품 박람회

11 Morel, Hernan, "Buenos Aires, Mecca of Tango: Activation Processes, Mega Cultural Events, Tourism and Dilemmas in the Local Heritage," Revista PUBLICAR en Antropología y Ciencias Sociales, AÑO XI, nº 1 52013, pp. 58~59.

등 부대 행사가 열리며 부에노스 아이레스 중심부의 자갈길을 가로지르는 거대한 야외 밀롱가milonga[12]에서 만 명 이상이 탱고를 추는 장관이 연출된다. 모든 축제 이벤트와 개막 밀롱가에 무료로 참여할 수 있다.[13]

12 탱고를 출 수 있는 이벤트 또는 리오 데라플라타(Rio de la Plata) 지역에서 태동한 음악 장르.

13 트래블링매거진 공식 웹사이트, https://www.thetravelmagazine.net/argentina-buenos-aires-tango-festival.htm/, 검색일자: 2020년 8월 10일.

[그림 51] 부에노스 아이레스 탱고축제 참가자들의 길거리 댄스,
https://artchateau.com/Article.php?pid=20006

참고문헌

강문수, 「우리나라 도시재생사업의 현황과 도시재생법의 개정방향」, 『한국토지공법학회 제112회 학술대회집』, 2018.

구견서, 「일본에 있어서 지역문화정책모델과 특징」, 『한국일본학회논문지』, 제102권, 2015.

구선숙, 「[아는만큼 맛있다] 프랑스, 멕시코, 지중해의 음식문화-세계무형문화유산에 오르다」, 『행복이 가득한집』, 디자인하우스, 2011년 1월호.

김대홍, 「중국무형문화유산법의 소개」, 『외국법제정보』, 2018.

김만재, 「탄광도시의 성장과 쇠퇴: 태백시의 사례연구」, 『한국지역개발학회지』, 제8권 제2호, 1996.

김미리, 최보윤, 『세계디자인도시를 가다』, 알에이치코리아, 2012.

김상욱, 「중국의 문화사업이 지역경제발전격차에 미치는 영향」, 『동북아경제연구』, 제29권 제2호, 2017.

김왕동, 박미영, 「주요국의 창조경제 정책 현황과 사례」, 『조사연구』, 2013.

김영준, 박경열, 「스토리가 있는 문화생태탐방로 추진 방안 연구」, 문화관광연구원, 2008.

"김지선의 샴페인여행 3," 소믈리에타임즈, 2018년 1월 12일자.

김진, 우형달, 「영국의 도시재생 정책방향과 추진체계에 관한 연구」, 『부동산학보』, 제40권, 2010.

김진영, 「에코뮤지엄에 토대한 지역문화자원의 활용 방안-강원도 철원군을 중심으로-」, 『한국콘텐츠학회학술대회논문집』, 2012.

______, 「증산 순례길 제언」, 『대순사상논총』, 제31권, 2018.

김학중, 「독일 뒤스부르크의 환경공원-환경과 공공의 기억을 지키는 방식-」, 『월간 주민자치』, 32, 2014.

김현정, 「돈키호테에 나타난 카니발 축제의 전통과 그 의미」, 『중남미연구』, 제24권 제2호, 2006.
김화열, 박태원, 「산업유산의 재생을 통한 디자인문화공간 활성화 연구-해외사례와 국내 사례의 비교중심으로-」, 『한국디자인리서치』, 제3권 제2호, 2018.
내일신문중국망, 『중국문화유적지 순례 3』, 내일신문, 2010.
농식품부 국제협력총괄과, 「국가별[호주, 뉴질랜드] 일반 현황 및 교역현황」, 한국농촌경제연구원, 2012.
박상필, 김형균, 「역사문화자원을 활용한 동래읍성지역 재생방안」, 부산발전연구원, 2015.
박성희, 정호경, 「서울시 성곽마을 도시재생 연구」, 『글로벌문화콘텐츠학회 2017년 동계학술대회 자료집』, 2017.
박향기, 「치유적 모빌리티로서 서울한양도성길 걷기」, 『대한지리학회지』, 제51권 제1호, 2016.
배준구, 「프랑스 도시축제의 특성과 구조-아비뇽 축제를 중심으로-」, 『한국지방정부학회 2006년도 동계학술대회논문집』, 2007.
변정필, 「북미자유무역협정 10년, 진정한 승자는 누가 될 것인가?」, 『세계화와 민중』, 제32호, 2005.
삼성경제연구소, 「중국 테마파크 산업의 발전과 향후 전망」, 2014.
손동기, 「프랑스와 이탈리아의 청년들을 위한 공공문화서비스」, 『월간 공공정책』, 175호, 2020.
손한기, 「중국의 문화산업정책과 법제고찰」, 『법학논총』, 제24권 제2호, 2017.
송재두, 「중국의 소수 민족정책과 경제격차」, 『중국과 중국학』, 제23호, 2014.
신춘호, 김동영, 「1인 공연예술로서 '한국변검'의 창작적 특징과 가치탐색-중국 '변검'과의 차별성과 공연의 성과를 중심으로-」, 『글로벌문화콘텐츠학회 2014년 추계학술대회 자료집』, 2014.
심현섭, 「공공미술 프로젝트 〈철암그리기〉의 한계와 지속가능성」, 『한국예술연구』, 2018.
씨에스넷, 「2018년 한양도성 이용객 계수조사 결과보고서」, 서울특별시, 2018.
아프리카중동국 중동2과, 「모로코개황」, 외교부, 2018.
안영은, 「베이징 올림픽과 중국 문화코드」, 『글로벌문화콘텐츠』, 제11호, 2013.
양재섭, 「도시재생정책의 국제비교 연구-영국과 일본을 중심으로-」, 서울연구원,

2006.
오동욱, 「안동 유네스코 창의도시 기본구상」, 대구경북연구원, 2019.
왕발부, 윤지영, 「도시지역문화 활성화와 유휴산업공간의 재생디자인 연구-베이징 798예술지구를 중심으로-」, 『기초조형학연구』, 제17권 제1호, 2016.
왕발부 외, 「문화기반 산업유산 공간의 장소성 평가 연구-북경 798예술지구를 중심으로-」, 『한국실내디자인학회논문집』, 제 29권 제1호, 2017.
왕세학, 「근대산업유산의 재생을 통한 예술창의공간 디자인에 관한 연구」, 홍익대학교 석사학위논문, 2014.
유지윤, 「힐링연계 고부가가치 웰니스 리조트 해외탐방-태국, 치앙마이 지역을 중심으로-」, 『한국관광정책』, 78호, 2019.
육동일, 「한국과 외국의 지방분권추진정책 비교연구」, 『현대사회와 행정』, 제18권 제1호, 2008.
윤학로, 「산업유산과 오르세 미술관: 절충과 전환의 문화공간」, 『프랑스문화예술연구』, 제32집, 2010.
외교부 북미1과, 「미국 개황」, 외교부, 2014.
이범현, 김유란, 「역사문화자원을 활용한 도시활성화 전략: 나오시마섬과 심천 OCT 사례」, 『국토』, 2014.
이병민, 「지역문화콘텐츠로서의 산업유산 특성-삿포로와 청주사례를 중심으로-」, 『문화경제연구』, 제20권 제2호, 2017.
이상선, 「중국문화의 정신요소와 인문정신」, 『공자학』, 제29호, 2015.
이상열, 「역사문화로 개발 실태 및 활성화 방안」, 한국문화관광연구원, 2014.
임학순, 정종은, 「예술위원회 역할체계 비교 분석-영국, 캐나다, 미국, 호주, 한국의 사례」, 『한국문화정책학회 학술대회논문집』, 2013.
장여윤, 강교희, 「중국 철학의 특질」, 『인문과 예술』, 제3호, 2016.
정길화, 「탱고, 아르헨티나의 문화유산인가 굴레인가」, 『인물과 사상』, 2013.
정인숙, 「한국 문화예술지원 정책의 팔길이 원칙 이념과 실현의 문제-박근혜 정부의 블랙리스트 사건을 중심으로-」, 『언론정보연구』, 제54권 제3호, 2017.
제순자 외, 「중국 무이산 지역 품종별 차나무잎 형태별 분류」, 『한국차학회지』, 제13권 제2호, 2007.
조명래, 「문화적 도시재생과 공공성의 회복-한국적 도시재생에 관한 비판적 성찰」, 『공간과 사회』, 제21권 제3호, 2011.

조봉래, 「중국의 이념적 위기에 대한 중국 정부의 대응 연구」, 『한국위기관리논집』, 제9권 제12호, 2013.
조희, 「산업유산은 지금 변신 중 '시민의 품으로 돌아온 재활용 생태공원'」『디자인스토리』, 2014년 7월 14일.
지옥화 외, 「중국 장춘영화제 방문객의 방문동기와 만족도에 관한 연구」, 『관광연구저널』, 제23권 제2호, 2009.
진종헌, 「산업유산과 지역발전에 대한 문화지리학적 연구-태백시 철암지역을 사례로-」, 『국토지리학회지』, 제46권 제3호, 2012.
편집부, 「탄광촌의 흔적, 역사와 문화가 되다: 태백 철암탄광역사촌」, 『도시계획가』, 3권 2호, 2016.
하진, 유동환, 「중국지방특색문화산업 발전이념에 관한 연구」, 『문화콘텐츠연구』, 제15호, 2019.
한령, 「베이징 798예술지구의 지속가능한 발전 방안 연구」, 『글로벌문화콘텐츠』, 제12호, 2013.
한상우, 김태영, 「경상남도 역사문화자원의 활용 제고방안」, 경남발전연구원, 2012.
허상문, 「아르헨티나의 삶, 사랑, 문학」, 『수필시대』, 11호, 2016.
「호주도시재생사례연구-사례조사 3. 해양 위락 지구재생사업」, 도시재생종합정보체계, 2015.
홍영의, 「태백문화권의 형성과정-태백문화권은 어떻게 형성되었는가-」, 『강원문화연구』, 제57집, 2018.
황성연, 문성철, 「중국 문화코드-드라마를 중심으로-」, 한국콘텐츠진흥원, 2010.
황정은, 「문화유산 보존을 위한 이탈리아의 노력」, 『월간 공공정책』, 170호, 2019.

Alexopoulos, Georgios, "Living Religious Heritage and Challenges to Museum Ethics: Reflections from the Monastic Community of Mount Athos," Journal of Conservation and Museum Studies, Vol. 11 No. 1, 2004.
Andriotis, Konstantinos, "Genres of Heritage Authenticity Denotations from a Pilgrimage Landscape," Annals of Tourism Research, Vol. 38 No. 4, 2011.
Barrow, Mandy, "British Life and Culture," Project Britain, http://projectbritain.com/pubs.htm.
Beittel, June S., "Mexico: Organized Crime and Drug Trafficking Organizations,"

Congressional Research Service, 2020년 7월 28일.

Board of Cultural Heritage of Pompeii, "A Guide to the Pompeii Excavations," Board of Cultural Heritage of Pompeii, 2015.

Chaabani, Fatima A., and El Ghayam, Sellama, "Morocco," in Cultural Policies in Algeria, Egypt, Jordan, Lebanon, Morocco, Palestine, Syria and Tunisia, Boekmanstudies, Culture Resource (Al Mawred Al Thaqafy) and European Cultural Foundation, 2010.

"Compendium of Cultural Policies & Trends," 2019.

"Cultural Policies Trends in the EU," 2018.

Cuozzo, N., "The Florentine House of Medici (1389-1743): Politics, Patronage, and the Use of Cultural Heritage in Shaping the Renaissance," The State University of New Jersey, Master's thesis, 2015.

"Darling Harbour Urban Form Strategy," www.majorprojects.planningportal.nsw.gov.au, 2016.

Esther, Celia, Zambrano Appredondo, "Place or Myth, University City Campus of Unam in Mexico City," in 16th ICOMOS General Assembly and International Symposium: 'Finding the spirit of place – between the tangible and the intangible, 2008.

Francis, M., "Opera dei Pupi-Teacher's Resource Guide-shadows, strings and other things-", 2019.

Garcia, Rodrigo G., "Cultural Industries and Cultural Policy in Mexico and Canada after 20 years of NAFTA," Norteamerica, Vol. 9 No. 2, 2014.

"Gender Equality, Heritage and Creativity," UNESCO, 2014.

Geronimi, Martine, "Symbolic Landscapes of Vieux-Quebec," edited by T. S. Terkenli and A.M. d'Hauteserre, in Landscapes of a New Cultural Economy of Space, Dordrecht:Springer, 2006.

Gothoni, Rene, "Unity and Universe: Understanding Pilgrimage to Mount Athos," Pilgrimages Today 22, 2010.

Huffman, Kate, "US Arts & Cultural Policy: Understanding & Implications for Arts Administrators," Wartburg College, 2015.

Kawamura, Yoko, "Experts in Cultural Policy-Making in Japan: Two Expert Networks and the Making of the Basic Act on the Promotion of Culture and the Arts," Bulletin of the Faculty of Humanities, Seikei University, No. 53, 2018.

Kawashima, Nobuko, "The Development of Art Projects in Japan: Policy and Economic Perspectives," Field, Issue 8, Vol. 2, 2017.

Kay, Jeremy, "Fears grow over Mexican film funding crisis," Screendaily, 2020년 5월 20일자.

Khatri, Ishwar, "Tourism Destination Marketing: A Case Study of Lumbini Nepal," The Gaze Journal of Tourism and Hospitality 9, 2019.

Koh, Youngsoon, et al., "Terminology of Argentine for Tango Therapy," Journal of Tango, Vol. 1 No. 1, 2019.

Kotsi, Filareti, "Mount Athos: Development Policies for Short-term Religious Tourism," International Journal of Tourism Anthropology, Vol. 2 No. 2, 2012.

Lau, R. W. K., "Revisiting Authenticity: A Social Realist Approach," Annual Tourism Research, Vol. 37 No. 2, 2010.

Loosely, D., "Cultural Policy in France Since 1959: arm's length, or up close and personal?:," in Norwegian Cultural Policy under Change, Nordic Cultural Institute.

Martínez y Hernández, José L., "Mexico 2016 Report," UNESCO Diversity of Cultural Expressions,

Morel, Hernan, "Buenos Aires, Mecca of Tango: Activation Processes, Mega Cultural Events, Tourism and Dilemmas in the Local Heritage," Revista PUBLICAR en Antropología y Ciencias Sociales, AÑO XI, nº 152013.

Office of International Religious Freedom, "France 2019 International Religious Freedom Report," U.S Department of State, 2019.

Richards, G., "Why Cities Need to Be Eventful," in Eventful Cities, Oxford: Routledge, 2010.

Rossler, M., et al., "World Heritage and Gender," World Heritage Review, Vol. 78 No. 4, 2016.

Scheer, B. and Scheer, D., "Towards a Sustainable Urban Form in Chiang Mai," in Managing the Development of Intermediate Size Cities, edited by Michael Romanos and Chris Ausffrey, Dordrecht: Kluwer Academic Publishing, 2002.

"The Culture White Paper," Department for Culture, Media & Sport, 2016.
Tut, Ozlem et al., "Urban Regeneration and Renewal: A Case Study of Gaziomanpasa Municipality in Istanbul," CIB World Building Congress, 2015.
"Whale Sanctuary of El Vizcaino," IUCN Conservation Outlook Assessment, 2014.
Usta, Hasan T. et al., "Urban Regeneration Projects in Istanbul: Gaziosmanpaşa Case," FIG Working Week Proceedings, 2015.
Ways, David, "Is Overtourism a Problem in Nepal?," The Longest Way Home, 2019.
Weise, Kai, "The Sacred Garden of Lumbini-Perceptions of Buddha's Birthplace," UNESCO, 2013.
"2018 China Theme Park Pipeline Report," AECOM, 2018.

인터넷 웹사이트

강원관광홈페이지, www.gangwon.to
건축다이제스트 공식 웹사이트, www.architecturaldigest.com
게임전문통계분석기업, www.newzoo.com/
교육문화국 공식 웹사이트, https://eca.state.gov/about-bureau
교토국제만화박물관 공식 웹사이트, www.kyotomm.jp/
교토세이타만화연구센터 공식 웹사이트, http://imrc.jp/
그랑빌카니발 공식 웹사이트, www.carnaval-de-granville.fr/fr/le-carnaval/
낙수장, https://fallingwater.org/world-heritage-site/
내셔널지오그래픽, www.nationalgeographic.com/travel/destinations/africa/morocco/Fez/
Nepal Tourism Board, www.welcomenepal.com/plan-your-trip/climate.html
노던테리토리정부 공식 웹사이트, https://ntl.nt.gov.au/events/darwin-festival-its-festival-season
노르망디 관광사이트, https://en.normandie-tourisme.fr/highlight/granville-carnival/
노트르담 뒤오성당, www.collinenotredameduhaut.com/
노팅힐카니발 공식 웹사이트, https://nhcarnival.org/
뉴욕구겐하임미술관, www.franklloydwright.org
런던노팅힐카니발, www.theguardian.com/culture/2017/jan/17/notting-hill-carnival-risks-hillsborough-scale-tragedy-report-warns

망자의 날축제 공식 웹사이트, https://dayofthedead.holiday/
메디치가 전경, 공식 웹사이트, https://villegiardinimedicei.it/the-villa-medici-in-fiesole/
멕시코국립대학교, 공식 웹사이트, http://english.unam.mx/
문지희, 배서현, 「알게줄게 해외도시-Sydney in Australia」, 부산광역시도시재생지원센터, www.urcb.or.kr/web/board/view.do?mId=58&brdIdx=27
문화아틀라스(Cultural Atlas), https://culturalatlas.sbs.com.au/mexican-culture/mexican-culture-core-concepts/
미국 예술문화부(DAC) 공식 웹사이트, https://usdac.us/cultural-policy
미국 중앙정보국(Central Intelligence Agency), www.cia.gov/library/publications/the-world-factbook/geos/mx.html
버클리 종교평화세계문제센터 웹사이트, https://berkleycenter.georgetown.edu/posts/the-japanese-ness-of-religion-in-japan
베네세 아트사이트 나오시마, 공식 웹사이트, https://benesse-artsite.jp/en/
베이징 798 예술 지구 공식 홈페이지 www.798district.com
벤처노스(Venture North) 공식 웹사이트, https://venturenorth.com.au/northern-territory-tourism-blog/things-to-do-around-darwin-part-3-festivals/
보령축제관광재단 공식 웹사이트, www.mudfestival.or.kr/
보스턴프리덤길 공식 웹사이트, www.thefreedomtrail.org
블룸버그통신, www.bloomberg.com/
비지트멕시코, www.visitmexico.com/en/States/michoacan/
빌보드 웹사이트, https://www.billboard.com/articles/business/8551881/riaa-music-industry-2019-revenue-streaming-vinyl-digital-physical
사부아저택 공식 웹사이트, www.villa-savoye.fr/en/
상하이 동방명주, www.wallpaperflare.com
세계유산도시기구 공식 웹사이트, www.ovpm.org/all-about-owhc/
세계유산사이트, www.worldheritagesite.org/list/Central+University+City+Campus+of+the+UNAM
스페인 관광청 공식 웹사이트, www.spain.info
아비뇽축제 공식 웹사이트, https://festival-avignon.com/en/festival-609
아이언브릿지에코뮤지엄공식 웹사이트: www.ironbridge.org.uk/explore/blists-hill-

victorian-town/
아프리카세계유산 웹사이트, www.africanworldheritagesites.org/cultural-places/fortified-cities-of-the-maghreb/medina-of-fez.html
애버리진예술오스트랄리아닷컴, www.aboriginal-art-australia.com/aboriginal-art-library/the-story-of-aboriginal-art
에덴 프로젝트, www.edenproject.com
엘 비즈카이노 생물권보전지역, https://en.unesco.org/biosphere/lac/vizcaino
영국 BBC방송, www.bbc.com/news/world-us-canada-16761057
오르세미술관 공식 웹사이트, www.m.musee-orsay.fr/ko/informations
울룰루관광, www.ulurutoursaustralia.com.au/
유네스코 공식 웹사이트, www.whc.unesco.org/en/list/175
유네스코 무형문화유산 웹사이트, www.ich.unesco.org/en/RL/mediterranean-diet-00884
일본 외무성 공식 웹사이트, www.mofa.go.jp
일본문화청 공식 웹사이트, www.bunka.go.jp
랑중고성 공식 홈페이지, www.alangzhong.com/index.html
장춘영화제작소, www.harbinice.com
컬쳐맵, www.theculturemap.com/naoshima-japan-art-island-guide/
컬쳐타임즈, www.ctimes.co.kr
크리스챤 디올박물관 공식 웹사이트,
www.musee-dior-granville.com/en/the-garden/the-history-of-garden/
태백시청 태백관광홈페이지, www.tour.taebaek.go.kr
텍사스주 공원 및 야생부(Texas Department of Parks & Wildlife) 공식 웹사이트, www.tpwd.texas.gov/huntwild/wild/birding/
트래블링매거진 공식 웹사이트, www.thetravelmagazine.net/argentina-buenos-aires-tango-festival.htm/
폼페이유적지, 공식 웹사이트, wwww.pompeiisites.org/
프랭크로이드라이트재단 웹사이트, www.franklloydwright.org
하얼빈 빙설축제, 공식 홈페이지, www.hrbicesnow.com/
한국유네스코 웹사이트, www.heritage.unesco.or.kr
한양도성 공식 홈페이지, seoulcitywall.go.kr

호주관광청 공식 웹사이트, www.australia.com/ko-kr/places/alice-springs-and-surrounds/guide-to-the-red-centre.html
호주국립갤러리, www.artsearch.nga.gov.au/
호주문화개발네트워크, culturaldevelopment.net.au/more-information/
호주외교통상부 공식 웹사이트, www.dfat.gov.au/sites/default/files/australia-in-brief.pdf
황소몰이닷컴, www.runningofthebulls.com/san-fermin-festival/riau-riau-pamplona/
www.aboriginal-art-australia.com/aboriginal-art-library/the-story-of-aboriginal-art/
www.australia.com/en/facts-and-planning/about-australia/the-aussie-way-of-life.html
www.greenbelt.org
www.bullrunpamplona.com/
www.champagne.fr/en/terroir-appellation/champagne-terroir/limestone-subsoil
www.commisceo-global.com/resources/country-guides/australia-guide
www.livescience.com/28945-american-culture.html
www.morocco-guide.com/culture/#architecture
www.moroccoworldnews.com/
www.parksaustralia.gov.au/uluru/discover/highlights/
www.sanfermin.com/en/,
www.scripps.org/news_items/6276-doctors-weigh-in-on-best-diets
www.scripps.org/news_items/6276-doctors-weigh-in-on-best-diets
www.visitnepal2020.com/

공감과 공간 II 글로벌 문화자원의 이해

초판 인쇄 2021년 8월 12일
초판 발행 2021년 8월 20일

지은이 김진영·이종오
발행인 윤성우 Director, University Knowledge Press
편집장 신선호 Executive Knowledge Contents Creator
도서편집 장혜정 Contents Creator
이근영 Contents Creator
디자인 우승민 Designer
한지 Designer
재무관리 조아라 Managing Creator
정윤경 Managing Creator
사전·홍보물 장지혜 Contents Creator
발행처 한국외국어대학교 지식출판콘텐츠원
02450 서울특별시 동대문구 이문로 107
전화 02)2173-2493~7
FAX 02)2173-3363
홈페이지 http://press.hufs.ac.kr
전자우편 press@hufs.ac.kr
출판등록 제6-6호(1969. 4. 30)
인쇄·제본 (주)케이랩 053)583-6885

ISBN 979-11-5901-868-8 [93980] 정가: 25,000원

* 잘못된 책은 교환하여 드립니다.